工程机械
液电一体化技术

第 2 版

主　编　冯跃虹　李　超
副主编　李　颜
参　编　杨　柳　师　钺　伍思思　李　樾

机械工业出版社

本书是按照教育部对高职高专教育人才培养工作的指导思想，在广泛吸取与借鉴近年来教学经验以及参照最新的流体传动系统及元件图形符号的基础上编写的。本书主要内容包括：工程机械液压控制基础、工程机械电气控制基础、装载机液电控制技术、挖掘机液电控制技术、汽车起重机液电控制技术和混凝土泵车液电控制技术。每章章末有复习思考题，便于学生复习自测。本书还配有电子课件，需要的老师可免费注册登录 http：//www.cmpedu.com 下载。

本书可作为职业院校工程机械控制技术专业学生的教学用书，也可供工程机械操作与维护人员、用户及售后服务人员作为培训教材使用。

图书在版编目（CIP）数据

工程机械液电一体化技术/冯跃虹，李超主编．—2版．—北京：机械工业出版社，2023.11
ISBN 978-7-111-74438-2

Ⅰ.①工… Ⅱ.①冯…②李… Ⅲ.①工程机械-液压控制-控制系统-高等职业教育-教材②工程机械-电气控制系统-高等职业教育-教材 Ⅳ.①TH2

中国国家版本馆 CIP 数据核字（2023）第 242305 号

机械工业出版社（北京市百万庄大街 22 号 邮政编码 100037）
策划编辑：陈玉芝　　　　　　　　责任编辑：陈玉芝
责任校对：孙明慧　牟丽英　　　　封面设计：鞠　杨
责任印制：常天培
北京机工印刷厂有限公司印刷
2024 年 3 月第 2 版第 1 次印刷
184mm×260mm·13.25 印张·323 千字
标准书号：ISBN 978-7-111-74438-2
定价：45.00 元

电话服务　　　　　　　　　网络服务
客服电话：010-88361066　　机　工　官　网：www.cmpbook.com
　　　　　010-88379833　　机　工　官　博：weibo.com/cmp1952
　　　　　010-68326294　　金　书　　　网：www.golden-book.com
封底无防伪标均为盗版　　机工教育服务网：www.cmpedu.com

　　新世纪高职教育的主要特点为：教育国际化、课堂综合化和教育终身化。这些特点要求高职院校培养的学生应该有良好的综合素质、较全面的基础知识、必备的专业技能和面向市场的较强的竞争能力。

　　《工程机械液电一体化技术》作为"十二五"职业教育国家规划教材，自2016年出版以来，得到广大读者的青睐，但由于时间久远，教材涉及的液压图形符号已不符合最新的国家标准，工程电气控制技术也升级迭代。故依据现行标准《GB/T 786.1—2021 流体传动系统及元件 图形符号和回路图 第1部分：图形符号》，更新了书中的液压图形符号，并补充了新的工程机械电气相关知识。针对工程机械相关专业的教学特点，本书从工程应用的角度出发，详细介绍了装载机、挖掘机、汽车起重机及混凝土泵车的液压控制原理和电气控制原理及液压电气常见故障。

　　本书主要特点如下：

　　1. 采用新的课程体系，以职业需要为主线，体现基础性、实用性和专业性。

　　2. 贯彻基本理论以"必需、够用"为度，简化传统知识，力争在内容上体现先进性和实用性。

　　3. 列举了大量实例，重在培养学生的综合分析与应用能力。

　　4. 图文并茂，包含大量的照片图，更便于学生理解和接受。

　　本书可作为职业院校工程机械控制技术专业学生的教学用书，也可供工程机械操作与维护人员、用户及售后服务人员作为培训教材使用。

　　本书由冯跃虹、李超担任主编，李颜担任副主编，杨柳、师钺、伍思思、李樾担任参编。

　　本书在编写中得到了徐工铲运机械事业部、徐工起重机械事业部、徐工挖掘机械事业部、徐州徐工施维英机械有限公司的技术支持和帮助，在此表示感谢。

　　由于作者水平有限，书中难免存在不妥之处，敬请广大读者批评指正。

编　者

目 录

第一章

概　　述

第一节　液电一体化技术在工程机械上的应用

一、液电一体化技术和工程机械的关系

现代工程机械正处在一个机液电一体化的发展时代。引入液电一体化技术，使液压技术和电子控制技术实现有机结合，可以极大地提高工程机械的各种性能，如可靠性、安全性、操作舒适性以及作业精度、作业效率和使用寿命等。目前以微机或微处理器为核心的电子控制装置（系统）在现代工程机械中的应用已相当普及，电子控制技术已深入到工程机械的许多领域，如汽车起重机的过载保护、摊铺机和平地机的自动找平、摊铺机的自动供料、拌和设备称重计量过程的自动控制、挖掘机的液压-发动机功率控制、装载机等铲运机械变速箱的自动控制和工程机械的状态监控与故障自诊等。随着科学技术的不断发展，对工程机械性能要求的不断提高，电子（微机）控制装置在工程机械上的应用将更加广泛，结构也将更加复杂。

二、工程机械液电一体化系统的组成

1. 动力系统

动力系统在控制信息作用下提供动力，驱动各执行机构完成各种动作和功能。

工程机械液电一体化系统一方面要求驱动的高效率和快速响应特性，另一方面也要求对外部环境的高适应性和高可靠性。由于电子与液压技术的高度发展，高性能电子液压比例驱动和电子液压伺服驱动已大量应用于工程机械系统。

按照系统控制要求，为系统提供能量和动力使系统正常运行，用尽可能小的动力输入获得尽可能大的功率输出，是液电一体化产品的显著特征之一。

2. 检测部分

目前，车用传感器的精度要求是在40~125℃范围内变化率低于1%，而常用的传感器如压力传感器，在上述温度范围内，桥臂电阻变化达8%~9%，无法满足要求。因此，一方面可以开发适应这一温度范围的传感器；另一方面，可充分利用高度发达的电子器件将微控制器用做固态传感器的配套部件，以实现温度补偿线性化和标准化。

3. 执行机构

工程机械执行机构主要包含电动执行机构、液压执行机构及其配套的机械部分。

工程机械上常用的电动执行机构有各种伺服电动机（直流、交流、力矩马达和低惯量

电动机等）、步进电动机、电磁阀和继电器。

液压执行机构主要有液压缸、摆动油缸、旋转油缸和液压马达。

4. 控制和信息处理

控制器和信息处理设备是液电一体化系统的核心部分。它将来自各传感器的检测信息和外部输入命令按预先编制的程序进行储存、分析和加工，根据信息处理结果，按照一定的程序和节奏发出相应的指令控制整个系统。一般由工控机、单片机、各种控制器和可编程逻辑控制器（PLC）、数控装置以及逻辑电路、A/D（模/数）与 D/A（数/模）转换、I/O（输入/输出）接口和计算机外部设备等组成。

5. 接口（驱动部分）

1）交换：传输的环节之间，由于信号的模式不同（如数字量与模拟量、串行码与并行码、连续脉冲与序列脉冲等），无法直接实现信息或能量的交流，须通过接口完成信号或能量的统一。

2）放大：接口把输入的控制信号放大、变换（例如变换成气压或液压信号），达到能量的匹配，然后推动执行机构。

3）传递：接口的作用是使各要素或子系统连接成为一个有机整体，使各个功能环节有目的地协调一致运动。因此，接口是连接强电设备和弱电设备的纽带。

接口广泛采用电工电子器件，例如晶闸管、双极型功率晶体管（GTR）、功率场控晶体管（P-MOSFET）和绝缘栅双极型晶体管（IGBT）等。

三、液电一体化技术在典型工程机械中的应用

1. 电液比例控制技术在液压挖掘机上的应用

采用电液比例控制技术的挖掘机，就是用电比例手柄取代液压先导手柄。其基本原理是采集电手柄的动作信号，利用控制器进行运算，输出相应的 PWM 值控制比例阀。如结合布置在机器上的传感器，还可以实现一些自动或者半自动功能。比较典型的电控挖掘机有：

（1）Leica 公司研发的电控挖掘机工作平台（图 1-1） 该平台是 Leica 公司为演示其电控挖掘机控制技术专门定制的，既采用电液比例技术，又具有辅助挖掘操作装置，通过安装在平台上的显示屏及工作装置上的倾角传感器，可以实时地显示铲斗的轨迹。

（2）山河智能的 SWEL55 型挖掘装载机（图 1-2） 该机型不同于平常的"两头忙"，其工作装置位于一端，从挖掘机切换成装载机时，只需将工作装置折叠即可完成，反之亦然。为了便于工作装置的模式转换，该机器采用了全电控技术，通过控制器可以轻松完成模式的转换及实现电手柄在不同模式下的不同功能。

（3）Doosan 的主从式挖掘机（图 1-3） 其控制形式属于一种主从方式，通过手指、手腕和大臂对应控制铲斗、斗杆和动臂；小臂的左右偏转来控制挖掘机的回转。在操作过程中，当操作者（主控制方）的相应关节动作后，计算机采集到该信号，并与安装在挖掘机（从控制方）上的角度传感器的信号进行比较，如果存在偏差，则发出遥控信号控制挖掘机消除偏差，从而达到控制挖掘机的目的。其原理还是点到点控制，因此，在同步性上存在误差。

图 1-1　Leica 公司研发的电控挖掘机工作平台　　图 1-2　山河智能的 SWEL55 型挖掘装载机

（4）Husco 技术的液压挖掘机（图 1-4）　其工作原理为：动臂和回转仍采用常用的液压先导式主阀，在系统中装有能量回收机构，回收动臂下降的能量，并储存起来供给其他的工作装置；斗杆与铲斗采用特殊的电控阀，该阀分别布置在靠近工作装置液压缸的位置，而不是传统的将所有主阀布置在一起，该电控阀由 4 个插装阀构成，对阀的 A 口和 B 口分别进行控制，不同于常用的单阀芯的形式。研究表明采用该项技术后，挖掘机可以节能 25%。

图 1-3　Doosan 的主从式挖掘机　　　　　图 1-4　Husco 技术的液压挖掘机

2. 液电一体化技术在旋挖钻机上的运用

旋挖钻机是近几年来在国内被广泛采用的一种重要的工程机械，其应用主要集中在大型桩基础施工中。而在国外，旋挖钻机使用时间比较长，且发展也较成熟，其在美国有着广阔的市场。主要的国外厂家有 Bauer、Soilmec、IMT、Mait、Casagrande 和 Junttan 等，我国厂家有徐工（图 1-5）、三一（图 1-6）和山河智能等。旋挖钻机因其施工工艺较为复杂，且在施工过程中对精度要求较高，因此很多公司都开发了自动控制功能以提高施工效率和精度。最为常见的有 2 种功能，即钻桅自动调垂直功能和钻孔工程中的自动回位功能。

硬件方面，有些厂家采用了建筑工程机械的通用控制器和仪表，也有些厂家为提高自身竞争力，定制开发了具有公司特色的控制器和仪表。其中 Bauer 就定制了自己的控制系统，司机室内除了显示仪表外，还配有图像监视屏和具有 Bauer 特色的报警面板。

图 1-5 徐工旋挖钻机

图 1-6 三一旋挖钻机

四、智能控制技术在工程机械典型产品上的应用

工程机械按作业目的的要求分为 2 类，一类为无作业质量要求的机械，其特点是作业介质具有不均匀性和不规范性，作业载荷变化大，这类机械性能指标要求为动力性（功率充分发挥）、经济性（燃油消耗）和作业生产率；另一类为有作业质量要求的机械，其特点为作业介质是均匀一致的、规范的，而且工作装置与介质相互作用过程产生的负荷基本为稳定值，这类机械以作业质量要求为优先指标，其次为动力性、经济性和作业生产率。挖掘机属于前一类机械，而压路机属于后一类机械。

1. 控制目标和策略

由于机器的作业类别不同，不同类别机器的控制目标和控制策略也不相同。挖掘机的智能控制目标为"节能环保和提高作业生产率"；而压路机的目标为"提高路面压实质量和压实效率"。

当前挖掘机主要有 2 种控制策略，一种是"负载适应控制"，另一种是"动力适应控制"。

负载适应控制：在发动机输出功率一定的情况下，液压系统（负载）通过自身调节以适应（充分吸收和利用）发动机的动力输出，体现了"按劳分配"原则。

动力适应控制：发动机根据实际作业工况的需要提供动力输出，体现了"按需分配"原则。

采用"负载适应控制"技术的挖掘机，一般设有几种动力选择模式，如最大功率模式、标准功率模式和经济功率模式，每种模式下的发动机输出功率基本恒定，同时液压泵也设有几条恒功率曲线与之匹配。由于系统中采用了发动机速度传感控制技术（ESS 控制技术），在匹配时将每种功率模式下的泵的吸收功率设定为大于或等于该模式下的发动机输出功率，这样可以使液压系统充分吸收利用发动机的功率，减少能量损失。还可以通过对泵的吸收功率的调节，协调负载与发动机的动力输出，避免发动机熄火。

实际作业时，由操作人员根据作业工况选择发动机的功率模式，这种控制方法还需要人工干预，一旦功率模式选择不当，还会造成动力的浪费。

采用"动力适应控制"技术的挖掘机，采用自动控制模式，发动机根据作业要求和负载大小提供相应的动力输出。也就是动力系统能够自动适应工作系统的需要输出动力，以满足作业要求，无须人工干预，没有动力输出的浪费，达到动力性和经济性最佳。其设计思路是让机器自动识别出不同的作业工况，然后做出最有利于施工的解决方案。发动机与液压系统始终处于不间断的自身调节状态，使作业效率与燃油消耗达到最佳平衡。

挖掘机智能控制技术还包括一些进一步节能和简化操作、便于维修和保养的措施，如自动怠速、自动加速、自学习、故障诊断和远程控制等。

智能压路机的控制策略为根据设定的质量目标，通过对铺层压实效果的检测和自适应控制系统的自动调节寻求最佳解决方案，实现作业质量目标要求。

控制系统能够按照预先设定的作业质量目标要求，经过连续检测和分析对比，自动调整机器的压实作业性能参数（振动轮的振幅、频率和机器行驶速度），获得有效的和均匀一致的压实效果。当然，对铺层压实硬度的准确检测尤为重要，是一切智能控制的出发点和落脚点。最佳压实的决策过程需要考虑的外部条件比较多，如环境温度、沥青混合料温度和铺层厚度等，还要考虑沥青的硬度随温度变化的非线性等，因此决策的依据必须建立在大量的知识和数据积累上。国外产品的知识数据库里一般积累了他们几十年的丰富施工经验和施工技术，机器的智能化水平较高。

2. 控制方法

任何智能控制系统都包含 3 个过程：①信息采集；②信息处理并做出决定（思考与决策）；③执行决定。

挖掘机是通过检测液压系统的运行参数来识别载荷大小的，如检测液压系统中泵的控制压力、泵的输油压力和各机构（行走、回转、动臂提升和斗杆收回）的工作压力等。有的还检测先导手柄的位移量和系统流量等。

挖掘机控制器根据采集的信息，通过模糊控制理论推理出所需功率的大小和发动机的最佳转速。执行决定的过程是由控制器驱动发动机油门执行器，使发动机设定到理想的转速和输出功率。

而压路机是通过连续检测振动轮的振动加速度来识别地面压实质量的。振动轮内旋转偏心块产生的振动，理论上是一条正弦曲线。当振动轮在地面上振动时，曲线总是被扰动的，在软地面上的扰动小，在硬地面上的扰动大。通过对压路机振动轮的加速度进行快速傅立叶变换处理，能够计算出地面压实的数据。

如 BOMAG 装有新测量系统 BTM-E 的 Varicontrol 单钢轮振动压路机首次实现了直接地测定物理变量。利用压路机压实土壤的载荷与土壤变形量之间的相互作用关系，能够计算出土壤动态硬度模量 Evib（MN/m^2）。而沥青管理者是为双钢轮压路机开发的，基于全新的沥青硬度试验方法，这种系统应用了一种新的沥青硬度计算模型。沥青管理者能自动地测量和控制压路机的压实性能，连续地提供最优化的压实参数，发挥压路机的最佳压实性能，连续不断地测量沥青温度并导入到管理系统中，操作者可以通过显示器监控沥青温度的变化和观察压实度的增加情况。

压路机的信息处理是将采集的铺层压实信息输入到控制系统的数据库（知识库）中，通过分析比较、判断并做出对机器的压实作业性能参数（振动轮的振幅、频率和机器行驶速度）调整的决定。

压路机执行决定的关键部件是可调频调幅的振动轮，振动轮性能的优劣直接影响压实效果。带自动调频调幅机构的振动轮结构比较复杂，实现起来较困难。

第二节　工程机械液电一体化技术的发展趋势

一、工程机械的发展

1. 液压技术

工程机械的作业形式多种多样，工作装置的种类繁多，要求实现各种各样的复杂运动。一个动力装置要驱动多种装置，而且传动距离往往比较长，20 世纪 50 年代出现了液压传动，为工程机械提供了良好的传动装置。液压传动结构紧凑，布置简单方便，易实现各种运动形式的转换，能满足复杂的作业要求，具有许多优良传动性能，如传动平稳、自动防止过载、易实现无级变速、操纵简单轻便及控制性能好等。由于工程机械找到了理想的传动装置，推动了工程机械的飞速发展，迎来了工程机械的多样化时代，出现了形形色色完成各种施工作业的工程机械。

2. 电子技术

1）高效节能对发动机和传动系统进行控制，合理分配功率，使其处于最佳工况。

2）采用自动控制减轻驾驶员的劳动强度和改善操纵性能，实现工程机械自动化。要完成高技能的作业，就需要智能化。近年来，工程机械的发展主要是操纵和控制机构的改进。

3）提高安全性进行运行状态监视及故障自动报警。随着建设领域的扩展，为了避免人员在无法接近或不易接近的场所和作业环境十分恶劣的地方作业，需要采用远距离操纵和无人驾驶技术。

3. 工程机械液电技术的发展

1）既能保证液压挖掘机动臂、斗杆和铲斗各自的单独动作，又能使它们相互配合实现复合动作。

2）工作装置动作和转台回转既能单独进行，又能实现复合动作以提高挖掘机的工作效率。

传统的液压系统无论是定量泵还是变量泵，总有一部分液压油经溢流阀溢流，不仅浪费了能量，还会造成系统发热。同时由于液压挖掘机的作业对象及工况千变万化，各工作装置所受的负载和工作油压也各不相同，因此，经常出现轻负载的工作装置"抢占"重负载工作装置的液压油流量的现象，致使复合动作难以实现。譬如，挖掘机行走时由于左右履带载荷不同而导致的拐弯打滑现象，不能实现直线行走，LUDV（负载独立流量分配）就是为解决这一难题而设计的液压系统。

在负载传感（Load Sensing）系统中，负载压力无关性是通过设在测量阻尼孔前的压力补偿阀来实现的，但当通过多个测量阻尼孔操纵多个执行器所需的流量大于泵所能提供的流量时，压力补偿阀的压差调节将失效，流量会流向具有最低负载压力的执行器，而具有高负载压力的执行器降低其速度直至停止运行。

LUDV 系统，即负载独立流量分配（Load Independent Flow Distribution）系统，是以执行器最高负载压力控制泵和压力补偿的负载独立流量分配系统，当执行器所需流量大于泵的流量时，系统会按比例将流量分配给各执行器，而不是流向轻负载的执行器。

LUDV 系统目前广泛应用于各类挖掘机的液压系统，系统只采用一个变量泵，省掉了复杂的合流控制系统,减小了系统的安装尺寸,使系统的结构变得更简单。它既具有传统负荷传感系统节能增效的优点,又通过后置压力补偿阀解决了在工作系统要求的流量大于泵的极限流量时的各工作装置实现复合动作的问题。

3)操纵系统,从先导操纵到先导比例操纵,最近正在向电操纵杆方向发展。推土机、装载机等操纵杆数正在减少,操纵功率大大下降,操纵越来越方便。有的装载机转向操纵已从方向盘改为操纵杆式转向。

当前工程机械的先进技术大部分集中在操纵与控制上。要解决控制问题,只从机械和液压角度来考虑很难使产品有质的飞跃,必须引入具有良好控制性能和信息处理能力的电子技术、传感器技术和电液转换技术等。

二、工程机械液电一体化的发展

从1970年算起,工程机械的机电液一体化系统已走过了50余年的发展史,目前仍在世界范围内蓬勃发展,其效益显著,功能也在逐渐完善。

1. 国外发展概况

20世纪60年代,美国首先发展一体化技术,如第一台机器人、数控车床和内燃机电子燃油喷射装置等,而工程机械在机电液一体化技术方面的开发,甚至比汽车行业还早。如20世纪60年代末,日本小松研制的7m水深无线电遥控水陆两用推土机就投入了运行(以今天的眼光来看,这只能称为机电液一体化的雏形),并于1971年在天津参加了建设机械展览会。在此期间,日本日立建机制造所也研制出了无线电遥控水陆两用推土机,其工作装置采用了仿形自动控制。与此同时,美国卡特彼勒公司将其生产的激光自动调平推土机也推向市场,并于1972年在天津工程机械研究所(现为天津工程机械研究院有限公司)样机试验场举办的独家首届展示会上向中国用户亮相。

日本在工程机械上采用现代机电液一体化技术虽然比美国晚几年,但是,美国工程机械运用的这一技术,主要由生产控制装置的专业厂家开发,而日本直接由工程机械制造厂自行开发或与有关公司合作开发。由于针对性强,日本工程机械与机电液一体化技术结合较紧密,发展较为迅速。

随着超大规模集成电路、微型电子计算机和电液控制技术的迅速发展,日本和欧美各国都十分重视将其应用于工程机械,并开发出适用于各类工程机械使用的机电液一体化系统。如美国卡特彼勒公司自1973年第一次将电子监控系统(EMS系统)用于工程机械以来,至今已发展成系列产品,其生产的工程机械产品中,60%以上均设置了不同功能的监控系统。

2. 国内发展概况

我国工程机械开始运用电子技术的时间并不晚。如20世纪70年代初,天津工程机械研究所研制了我国第一台3m水深无线电遥控水陆两用推土机。该推土机采用全液压、无线电操纵装置。经过长期运行考核,其主要技术性能接近当时先进国家同类产品水平。到20世纪80年代后期,我国相继开发了以电子监控为主要内容的多种机电液一体化系统。另外,工程机械智能化系统也在有关院所进行研发,但由于一些原因,国内工程机械生产厂家目前多采取引进消化与自行开发的方式。受引进技术水平的限制,至今关键技术仍大大落后于工业发达国家。

三、工程机械的发展趋势

机电液一体化是集机械、液压、电子、光学、控制、计算机和信息等多种学科的交叉综合，它的发展和进步依赖并促进相关技术的发展。机电液一体化的主要发展方向大致有以下几个方面：

1. 智能化

智能化是 21 世纪机电液一体化技术的一个重要发展方向。人工智能在机电液一体化的研究中日益得到重视，机器人与数控机床的智能化就是重要应用之一。这里所说的智能化是对机器行为的描述，是在控制理论的基础上，吸收人工智能、运筹学、计算机科学、模糊数学、心理学和生理学等新思想、新方法，使其具有判断推理、逻辑思维及自主决策等能力，以求得到更高的控制目标。然而，使机电液一体化产品具有与人完全相同的智能是不可能的，也是不必要的。但是，高性能、高速度的微处理使机电液一体化产品具有低级智能或者人的部分智能，则是完全可能而且必要的。

2. 模块化

模块化是一项重要而艰巨的工程。由于机电液一体化产品种类和生产厂家繁多，研制和开发具有标准机械接口、电气接口、动力接口和环境接口等的机电液一体化产品单元，是一项十分复杂但又非常重要的事情，如研制集减速、智能调速和电动机于一体的动力单元，具有视觉、图像处理、识别和测距等功能的控制单元，以及各种能完成操作的机械装置等。有了这些标准单元就可迅速开发新产品，同时也可以扩大生产规模。为了达到以上目的，还需要制定各项标准，以便于各部件、单元的匹配。由于利益冲突，近期很难制定出国际或国内相关标准，但可以通过组建一些大企业逐渐形成。显然，从电气产品的标准化、系列化带来的好处可以肯定，无论是对生产标准机电液一体化单元的企业，还是对生产机电液一体化产品的企业，模块化将给机电液一体化相关企业带来美好的前程。

3. 网络化

20 世纪 90 年代，计算机技术的突出成就是网络技术，网络技术的兴起和飞速发展给科学技术、工业生产、政治、军事和教育等方面都带来了巨大的变革。各种网络将全球经济、生产连成一片，企业间的竞争也将全球化。机电液一体化新产品一旦研制出来，只要其功能独到、质量可靠，很快就会畅销全球。由于网络的普及，基于网络的各种远程控制和监视技术方兴未艾，而远程控制的终端设备本身就是机电液一体化产品，现场总线和局域网技术的应用使家用电器网络化已形成优势，利用家庭网络将各种家用电器连接成以计算机为中心的计算机集成家电系统，使人们待在家里就可分享各种高技术带来的便利与快乐。因此，机电液一体化产品无疑将朝着网络化方向发展。

4. 微型化

微型化兴起于 20 世纪 80 年代末，指的是机电液一体化向微型机器和微观领域发展的趋势，国外称其为微电子机械系统，泛指几何尺寸不超过 $1cm^3$ 的机电液一体化产品，并向微米、纳米级发展。微机电液一体化产品体积小、耗能少、运动灵活，在生物医疗、军事、信息等方面具有无可比拟的优势，微机电液一体化发展的瓶颈在于微机械技术。微机电液一体化产品的加工采用精细加工技术，即超精密技术，它包括光刻技术和蚀刻技术 2 类。

5. 环保化

工业的发展给人们生活带来巨大变化。一方面，物质丰富，生活舒适；另一方面，资源减少，生态环境受到严重污染。于是，人们呼吁保护环境资源，回归自然，绿色产品概念在这种呼声下应运而生，环保化是时代的趋势。绿色产品在其设计、制造、使用和销毁的过程中，符合特定的环境保护和人类健康的要求，对生态环境无害或危害极少，资源利用率极高。绿色的机电液一体化产品具有远大的发展前景。机电液一体化产品的环保化主要是使用时不污染生态环境，报废后能回收利用。

6. 系统化

系统化的表现特征之一，就是系统体系结构进一步采用开放式和模式化的总体结构。系统可以灵活组态，进行任意剪裁和组合，同时寻求实现多子系统协调控制和综合管理；表征之二是通信功能大大加强。

复习思考题

1. 简述液电一体化与工程机械的关系。
2. 工程机械液电一体化系统由哪些部分组成？
3. 液电一体化技术在旋挖钻机上主要应用的 2 项功能是什么？
4. LS 系统与 LUDV 系统的主要区别是什么？
5. 简述智能控制系统的 3 个控制过程。
6. 简述国内工程机械液电一体化技术的发展概况。
7. 简述电子控制技术在工程机械领域的作用。
8. 简述机电液一体化控制系统的发展方向。

第二章

工程机械液压控制基础

第一节 液压元件认知与识图

一、液压动力元件

液压动力元件起着向系统提供动力源的作用，是系统不可缺少的核心元件。液压泵是为液压系统提供一定的流量和压力的动力元件，液压泵将原动机（电动机或内燃机）输出的机械能转换为工作液体的压力能，是一种能量转换装置。

液压泵按其结构形式可分为齿轮泵、柱塞泵和叶片泵等，常用液压泵外形图如图 2-1 所示；按其输出流量是否可调节又分为定量泵和变量泵 2 大类；按其工作压力不同还可分为低压泵、中压泵、中高压泵和高压泵等；按其输出液流的方向又可分为单向泵和双向泵。常用液压泵的图形符号如图 2-2 所示。

a) 齿轮泵　　　　　　b) 柱塞泵　　　　　　c) 叶片泵

图 2-1　常用液压泵外形图

a) 单向定量泵　　b) 单向变量泵　　c) 双向定量泵　　d) 双向变量泵

图 2-2　常用液压泵的图形符号

1. 齿轮泵

齿轮泵是液压系统中广泛采用的一种液压泵，它一般做成定量泵，按结构不同，齿轮泵可分为外啮合齿轮泵和内啮合齿轮泵。因在工程机械上，外啮合齿轮泵应用最广，所以下面以外啮合齿轮泵为例来剖析齿轮泵。

（1）齿轮泵的结构和工作原理　CB-B 齿轮泵的结构如图 2-3 所示，它是分离三片式结构，三片是指后泵盖 4、前泵盖 8 和泵体 7，泵体 7 内装有一对齿数相同、宽度和泵体接近而又互相啮合的齿轮 6，齿轮与两端盖和泵体形成一密封腔，并由齿轮的齿顶和啮合线把密封腔划分为 2 部分，即吸油腔和压油腔。2 个齿轮分别用键固定在由滚针轴承支承的主动轴 12 和从动轴 15 上，主动轴由电动机带动旋转。

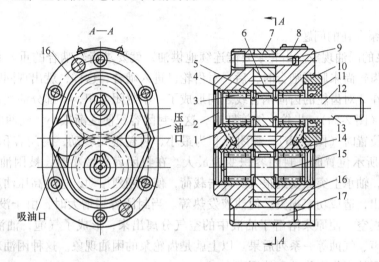

图 2-3　CB-B 齿轮泵的结构

1—轴承外环　2—堵头　3—滚子　4—后泵盖　5—键　6—齿轮　7—泵体　8—前泵盖　9—螺钉　10—压环
11—密封环　12—主动轴　13—键槽　14—泄油孔　15—从动轴　16—泄油槽　17—定位销

CB-B 齿轮泵的工作原理如图 2-4 所示，当泵的主动齿轮按图示箭头方向旋转时，齿轮泵右侧（吸油腔）齿轮脱开啮合，齿轮的轮齿退出齿间，使密封容积增大，形成局部真空，油箱中的油液在外界大气压的作用下，经吸油管路、吸油腔进入齿间。随着齿轮的旋转，吸入齿间的油液被带到另一侧，进入压油腔。这时轮齿进入啮合，使密封容积逐渐减小，齿轮间部分的油液被挤出，形成了齿轮泵的压油过程。齿轮啮合时，齿向接触线把吸油腔和压油腔分开，起配油作用。当齿轮泵的主动齿轮由电动机带动不断旋转时，轮齿脱开啮合的一侧，由于密封容积变大则不断从油箱中吸油，轮齿进入啮合的一侧，由于密封容积减小则不断地排油，这就是齿轮泵的工作原理。

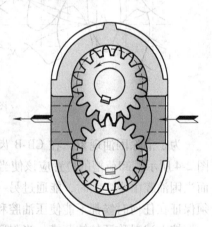

图 2-4　CB-B 齿轮泵的工作原理

前泵盖 8、后泵盖 4 和泵体 7 由 2 个定位销 17 定位，用 6 只螺钉 9 紧固，如图 2-3 所示。为了保证齿轮能灵活地转动，同时又要保证泄漏最小，在齿轮端面和泵盖之间应留有适当间隙（轴向间隙），小流量泵轴向间隙为 0.025～0.04mm，大流量泵轴向间隙为 0.04～0.06mm。齿顶和泵体内壁间的间隙（径向间隙），由于密封带长，同时齿顶线速度形成的剪切流动又和油液泄漏方向相反，因此对泄漏的影响较小，这里要考虑的问题是当齿轮受到不平衡的径向力后，应避免齿顶和泵体内壁相碰，则径向间隙就可稍大，一般取0.13~0.16mm。

为了防止压力油从泵体和泵盖间泄漏到泵外，并减小压紧螺钉的拉力，在泵体两侧的端面上开有泄油槽16，使渗入泵体和泵盖间的压力油引入吸油腔。在泵盖和从动轴上的小孔，其作用将泄漏到轴承端部的压力油也引到泵的吸油腔去，防止油液外溢，同时也润滑了滚针轴承。

（2）齿轮泵存在的问题

1）齿轮泵的困油现象。齿轮泵要能连续地供油，就要求齿轮啮合的重叠系数 $\varepsilon>1$，也就是当前一对齿轮尚未脱开啮合时，后一对齿轮已进入啮合，这样，就出现同时有2对齿轮啮合的瞬间，在2对齿轮的齿向啮合线之间形成了一个封闭容积，一部分油液也就被困在这一封闭容积中（图2-5a），齿轮连续旋转时，这一封闭容积便逐渐减小，到两啮合点处于节点两侧的对称位置时（图2-5b），封闭容积为最小，齿轮继续转动，封闭容积又逐渐增大，直到如图2-5c所示位置时，封闭容积变为最大。在封闭容积减小时，被困油液受到挤压，压力急剧上升，轴承上突然受到很大的冲击载荷，使泵剧烈振动，这时高压油从一切可能泄漏的缝隙中挤出，造成功率损失，使油液发热等。当封闭容积增大时，由于没有油液补充，因此形成局部真空，使原来溶解于油液中的空气分离出来，形成了气泡，油液中产生气泡后，会引起噪声、气蚀等一系列后果。以上就是齿轮泵的困油现象。这种困油现象极为严重地影响着齿轮泵的工作平稳性和使用寿命。

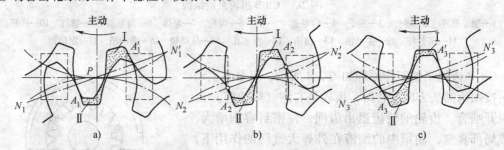

图2-5 齿轮泵的困油现象

为了消除困油现象，在CB-B齿轮泵的泵盖上铣出2个困油卸荷凹槽，其几何关系如图2-4所示。卸荷槽的位置应该使当困油封闭腔由大变小时，能通过卸荷槽与压油腔相通，而当困油腔由小变大时，能通过另一卸荷槽与吸油腔相通。2个卸荷槽之间的距离为 a，必须保证在任何时候都不能使压油腔和吸油腔互通。

按上述对称开的卸荷槽，当封闭腔由大变至最小时（图2-6），由于油液不易从即将关闭的缝隙中挤出，因此封闭油压仍将高于压油腔压力；齿轮继续转动，当封闭腔和吸油腔相通的瞬间，高压油又突然和吸油腔的低压油相接触，会引起冲击和噪声。于是CB-B齿轮泵将卸荷槽的位置整个向吸油腔侧平移了一段距离。这时封闭腔只有在由小变至最大时才和压油腔断开，油压没有突变，封闭腔和吸油腔接通时，封闭腔不会出现真空也没有压力冲击，这样改进后，使齿轮泵的振动和噪声得到了进一步改善。

2）齿轮泵的径向不平衡力。齿轮泵工作时，在齿轮和轴承上承受径向液压力的作用。

如图 2-7 所示，泵的下侧为吸油腔，上侧为压油腔。在压油腔内有液压力作用于齿轮上，沿着齿顶的泄漏油，具有大小不等的压力，就是齿轮和轴承受到的径向不平衡力。液压力越高，这个不平衡力就越大，其结果不仅加速了轴承的磨损，还缩短了轴承的寿命，甚至使轴变形，造成齿顶和泵体内壁的摩擦等。为了解决径向力不平衡问题，在有些齿轮泵上，采用开压力平衡槽的办法来消除径向不平衡力，但这将使泄漏增大，容积效率降低等。CB-B 齿轮泵则采用缩小压油腔，以减少液压力对齿顶部分的作用面积来减小径向不平衡力，因此泵的压油口孔径要比吸油口孔径小。

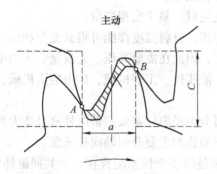
图 2-6　齿轮泵的困油卸荷槽图

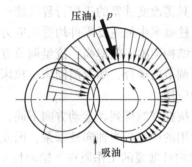
图 2-7　齿轮泵的径向不平衡力

3）泄漏量大。齿轮泵由于泄漏大（主要是端面泄漏，约占总泄漏量的 70%~80%），因此压力不易提高。高压齿轮泵为提高其工作压力，主要针对泄漏量最大处的端面间隙，采用了自动补偿装置。下面对端面间隙的补偿装置（图 2-8）作简单介绍。

① 浮动轴套式。如图 2-8a 所示是浮动轴套式间隙补偿装置，它利用泵的出口压力油，引入齿轮轴上的浮动轴套 1 的外侧 A 腔，在液压力作用下，使轴套紧贴齿轮 3 的侧面，因而可以消除间隙并可补偿齿轮侧面和轴套间的磨损量。在泵起动时，靠弹簧 4 来产生预紧力，保证了轴向间隙的密封。

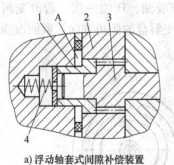

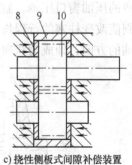

a) 浮动轴套式间隙补偿装置　　b) 浮动侧板式间隙补偿装置　　c) 挠性侧板式间隙补偿装置

图 2-8　端面间隙补偿装置示意图

1—浮动轴套　2、6、9—泵体　3、7、10—齿轮　4—弹簧　5、8—浮动侧板

② 浮动侧板式。浮动侧板式间隙补偿装置的工作原理与浮动轴套式基本相似，它也是利用泵的出口压力油引到浮动侧板 5 的背面（图 2-8b），使之紧贴于齿轮 7 的端面来补偿间隙。起动时，浮动侧板靠密封圈来产生预紧力。

③ 挠性侧板式。如图 2-8c 所示是挠性侧板式间隙补偿装置，它是利用泵的出口压力油

引到浮动侧板 8 的背面后，靠侧板自身的变形来补偿端面间隙的，侧板的厚度较薄，内侧面要耐磨（如烧结有 0.5~0.7mm 的磷青铜），这种结构采取一定措施后，易使侧板外侧面的压力分布大体上和齿轮 10 侧面的压力分布相适应。

2. 柱塞泵

柱塞泵是靠柱塞在缸体中作往复运动造成封闭容积的变化来实现吸油与压油的液压泵，与齿轮泵和叶片泵相比，这种泵有较多优点。

第一，构成封闭容积的零件为圆柱形的柱塞和缸孔，加工方便，可得到较高的配合精度，密封性能好，在高压工作时仍有较高的容积效率。

第二，只需改变柱塞的工作行程就能改变流量，易于实现变量。

第三，柱塞泵中的主要零件均受压应力作用，材料强度性能可得到充分利用。由于柱塞泵压力高、结构紧凑、效率高、流量调节方便，因此在需要高压、大流量、大功率的系统中和流量需要调节的场合，如龙门刨床、拉床、液压机、工程机械、矿山冶金机械、船舶上得到了广泛的应用。

柱塞泵按柱塞的排列和运动方向不同，可分为径向柱塞泵和轴向柱塞泵 2 大类。由于工程机械上常用的柱塞泵为轴向柱塞泵，因此下面我们主要介绍轴向柱塞泵。

（1）轴向柱塞泵的工作原理　轴向柱塞泵是将多个柱塞配置在一个共同缸体的圆周上，并使柱塞轴线和缸体轴线平行的一种泵。轴向柱塞泵有 2 种形式，直轴式（斜盘式）和斜轴式（摆缸式）。如图 2-9 所示为直轴式轴向柱塞泵的工作原理，这种泵主体由缸体 1、配油盘 2、柱塞 3 和斜盘 4 组成。柱塞沿圆周均匀地分布在缸体内。斜盘轴线与缸体轴线倾斜一定的角度，柱塞靠机械装置或在低压油作用下压紧在斜盘上（图中为弹簧），配油盘 2 和斜盘 4 固定不转，当原动机通过传动轴使缸体转动时，由于斜盘的作用，迫使柱塞在缸体内作往复运动，并通过配油盘的配油窗口进行吸油和压油。如图 2-9 中所示回转方向，当缸体转角在 $\pi \sim 2\pi$ 范围内，柱塞向外伸出，柱塞底部缸孔的封闭工作容积增大，通过配油盘的吸油窗口吸油；当缸体转角在 $0 \sim \pi$ 范围内，柱塞被斜盘推入缸体，使缸孔容积减小，通过配油盘的压油窗口压油。缸体每转一周，每个柱塞各完成吸油、压油一次，若改变斜盘倾角，则能改变柱塞的行程长度，即改变液压泵的排量；改变斜盘的倾角方向，就能改变吸油和压油的方向，即成为双向变量泵。

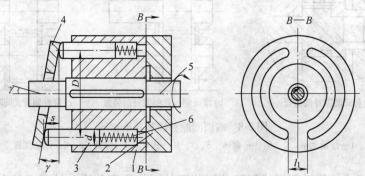

图 2-9　直轴式轴向柱塞泵的工作原理

1—缸体　2—配油盘　3—柱塞　4—斜盘　5—传动轴　6—弹簧

配油盘上吸油窗口和压油窗口之间的密封区宽度 l 应稍大于柱塞缸体底部通油孔宽度 l_1，但不能相差太大，否则会发生困油现象。一般在两配油窗口的两端部开有小三角槽，以减小冲击和噪声。

斜轴式轴向柱塞泵的缸体轴线相对传动轴轴线呈一倾角，传动轴端部用万向铰链、连杆与缸体中的每个柱塞相连接，当传动轴转动时，通过万向铰链、连杆使柱塞和缸体一起转动，并迫使柱塞在缸体中做往复运动，借助配油盘进行吸油和压油。这类泵的特点是变量范围大，泵的强度较高，但和上述直轴式轴向柱塞泵相比，其结构较复杂，外形尺寸和质量均较大。

轴向柱塞泵的特点是结构紧凑、径向尺寸小、惯性小、容积效率高，目前最高压力可达 40MPa，甚至更高，一般用于工程机械、压力机等高压系统中，但其轴向尺寸较大，轴向作用力也较大，结构比较复杂。

（2）轴向柱塞泵的结构特点

1）典型结构。如图 2-10 所示为一种直轴式轴向柱塞泵的结构。柱塞的球状头部装在滑靴 4 内，以缸体 6 作为支撑的弹簧 9 通过钢球推压回程盘 3，回程盘和柱塞滑靴一同转动。在排油过程中借助斜盘 2 推动柱塞作轴向运动；在吸油时依靠回程盘、钢球和弹簧组成的回程装置将滑靴紧紧压在斜盘表面上滑动，弹簧 9 一般称为回程弹簧，这样的泵具有自吸能力。在滑靴与斜盘相接触的部分有一油室，它通过柱塞中间的小孔与缸体中的工作腔相连，压力油进入油室后在滑靴与斜盘的接触面间形成了一层油膜，起着静压支承的作用，使滑靴作用在斜盘上的力大大减小，从而减小磨损。传动轴 8 通过左边的花键带动缸体 6 旋转，由于滑靴 4 贴紧在斜盘表面上，柱塞在随缸体旋转的同时在缸体中作往复运动。缸体中柱塞底部的密封工作容积是通过配油盘 7 与泵的进出口相通的，随着传动轴的转动，液压泵就连续地吸油和排油。

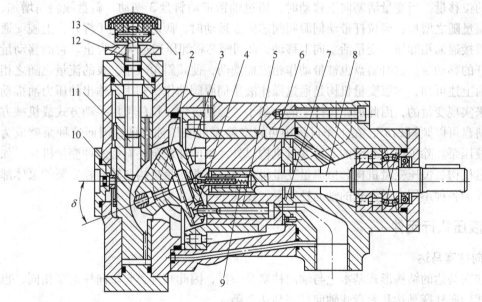

图 2-10 直轴式轴向柱塞泵的结构

1—手轮 2—斜盘 3—回程盘 4—滑靴 5—柱塞 6—缸体 7—配油盘 8—传动轴
9—弹簧 10—轴销 11—变量活塞 12—丝杠 13—锁紧螺母

2）变量机构。由图 2-10 可知，若要改变轴向柱塞泵的输出流量，则只要改变斜盘的倾角，即可改变轴向柱塞泵的排量和输出流量。下面介绍常用的轴向柱塞泵的手动变量和伺服变量机构的工作原理。

① 手动变量机构。如图 2-10 所示，转动手轮 1，使丝杠 12 转动，带动变量活塞 11 作轴向移动（因导向键的作用，变量活塞只能作轴向移动，不能转动）。通过轴销 10 使斜盘 2 绕变量机构壳体上的圆弧导轨面的中心（即钢球中心）旋转，从而使斜盘倾角改变，达到变量的目的。当流量达到要求时，可用锁紧螺母 13 锁紧。这种变量机构结构简单，但操纵不轻便，且不能在工作过程中变量。

② 伺服变量机构。如图 2-11 所示为轴向柱塞泵的伺服变量机构，以此机构代替图 2-10 所示轴向柱塞泵中的手动变量机构，就成为手动伺服变量泵。其工作原理为，泵输出的压力油由通道经单向阀 a 进入变量机构壳体的下腔 d，液压力作用在变量活塞 4 的下端。当与伺服阀阀芯 1 相连接的拉杆不动时（图示状态），变量活塞 4 的上腔 g 处于封闭状态，变量活塞不动，斜盘 3 在某一相应的位置上。当使拉杆向下移动时，推动阀芯 1 一起向下移动，d 腔的压力油经通道 e 进入上腔 g。由于变量活塞上端的有

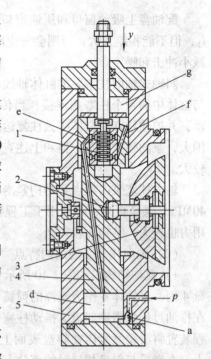

图 2-11　轴向柱塞泵的伺服变量机构
1—阀芯　2—铰链　3—斜盘
4—变量活塞　5—壳体

效面积大于下端的有效面积，向下的液压力大于向上的液压力，因此变量活塞 4 也随之向下移动，直到将通道 e 的油口封闭为止。变量活塞的移动量等于拉杆的位移量，当变量活塞向下移动时，通过轴销带动斜盘 3 摆动，斜盘倾斜角增加，泵的输出流量随之增加；当拉杆带动伺服阀阀芯向上运动时，阀芯将通道 f 打开，上腔 g 通过卸压通道接通油箱卸压，变量活塞向上移动，直到阀芯将卸压通道关闭为止。它的移动量也等于拉杆的移动量。这时斜盘也被带动作相应地摆动，使倾斜角减小，泵的流量也随之相应减小。由上述可知，伺服变量机构是通过操作液压伺服阀动作，利用泵输出的压力油推动变量活塞来实现变量的，因此加在拉杆上的力很小，控制灵敏。拉杆可用手动方式或机械方式操作，斜盘可以倾斜±18°，在工作过程中可以变换泵的吸压油方向，因而这种泵就成为双向变量液压泵。除了以上介绍的 2 种变量机构以外，轴向柱塞泵还有很多种变量机构。如恒功率变量机构、恒压变量机构和恒流量变量机构等，这些变量机构与轴向柱塞泵的泵体部分组合就成为各种不同变量方式的轴向柱塞泵，在此不一一介绍。

二、液压执行元件

1. 轴向柱塞马达

轴向柱塞马达的结构形式基本上与轴向柱塞泵一样，因此其种类与轴向柱塞泵相同，也分为直轴式轴向柱塞马达和斜盘式轴向柱塞马达 2 类。

斜盘式轴向柱塞马达的工作原理如图 2-12 所示。

当压力油进入液压马达的高压腔之后，工作柱塞便受到油压作用力为 pA（p 为油压

力，A 为柱塞面积），通过滑靴压向斜盘，其反作用力为 N。N 分解成两个分力，沿柱塞轴向分力 F′，与柱塞所受液压力平衡；另一分力 F，与柱塞轴线垂直，它与缸体轴线的距离为 r，这个力便产生驱动马达旋转的力矩。F 力的大小为

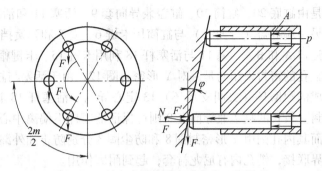

$$F = pA\tan\gamma$$

式中　γ——斜盘的倾斜角度（°）。

图 2-12　斜盘式轴向柱塞马达的工作原理

这个力 F 使缸体产生的扭矩大小，由柱塞在压油区所处的位置所决定。设有一柱塞与缸体的垂直中心线成 φ 角，则该柱塞使缸体产生的扭矩 T 为

$$T = Fr = FR\sin\varphi = pAR\tan\gamma\sin\varphi$$

式中　R——柱塞在缸体中的分布圆半径（m）。

随着角度 φ 的变化，柱塞产生的扭矩也随着变化。整个液压马达能产生的总扭矩，是所有处于压力油区的柱塞产生的扭矩之和，因此，总扭矩也是脉动的，当柱塞的数目较多且为单数时，脉动较小。

2. 液压缸

活塞式液压缸根据其使用要求不同可分为双杆式和单杆式 2 种，在工程机械上单杆式活塞缸应用较广，下面主要介绍单杆式活塞缸。

（1）单杆式活塞缸的工作原理（图 2-13）　图中活塞只有一端带活塞杆，单杆液压缸也有缸体固定和活塞杆固定 2 种形式，但它们的工作台移动范围都是活塞有效行程的 2 倍。

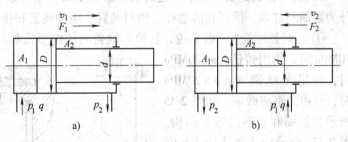

图 2-13　单杆式活塞缸的工作原理

由于液压缸两腔的有效工作面积不等，因此它在 2 个方向上的输出推力和速度也不等，其值分别为

$$F_1 = (p_1 A_1 - p_2 A_2) = \frac{\pi}{4}\left[D^2(p_1 - p_2) + d^2 p_2\right]$$

$$F_2 = (p_1 A_2 - p_2 A_1) = \frac{\pi}{4}\left[D^2(p_1 - p_2) - d^2 p_1\right]$$

$$v_1 = q/A_1 = \frac{4q}{\pi D^2}$$

$$v_2 = q/A_2 = \frac{4q}{\pi(D^2 - d^2)}$$

（2）液压缸的典型结构和组成

1）液压缸的典型结构举例。如图 2-14 所示是一个较常用的双作用单活塞杆液压缸。它

是由缸底 20、缸筒 10、缸盖兼导向套 9、活塞 11 和活塞杆 18 组成。缸筒一端与缸底焊接，另一端缸盖（导向套）与缸筒用卡键 6、套 5 和弹簧挡圈 4 固定，以便拆装检修，两端设有油口 A 和 B。活塞 11 与活塞杆 18 利用卡键 15、卡键帽 16 和弹簧挡圈 17 连在一起。活塞与缸孔的密封采用的是一对 Y 形密封圈 12，由于活塞与缸孔有一定间隙，采用由尼龙 1010 制成的耐磨环（又叫支承环）13 定心导向。活塞杆 18 和活塞 11 的内孔由 O 形密封圈 14 密封。较长的缸盖兼导向套 9 则可保证活塞杆不偏离中心，导向套外径由 O 形密封圈 7 密封，而其内孔则由 Y 形密封圈 8 和防尘圈 3 分别防止油外漏和灰尘带入缸内。缸与杆端销孔与外界联接，销孔内有尼龙衬套，起到耐磨作用。

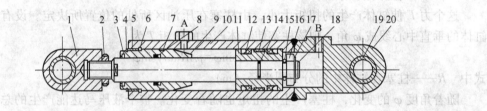

图 2-14　双作用单活塞杆液压缸

1—耳环　2—螺母　3—防尘圈　4、17—弹簧挡圈　5—套　6、15—卡键　7、14—O 形密封圈
8、12—Y 形密封圈　9—缸盖兼导向套　10—缸筒　11—活塞　13—耐磨环　16—卡键帽
18—活塞杆　19—衬套　20—缸底

2）液压缸的组成。由上所述的液压缸典型结构中可以看到，液压缸的结构基本上可以分为缸筒和缸盖、活塞和活塞杆、密封装置、缓冲装置和排气装置 5 个部分，分述如下。

① 缸筒和缸盖。一般来说，缸筒和缸盖的结构形式和其使用的材料有关。工作压力 $p <$ 10MPa 时，使用铸铁；$p < 20$MPa 时，使用无缝钢管；$p > 20$MPa 时，使用铸钢或锻钢。如图 2-15 所示为缸筒和缸盖的常见结构。图 2-15a 所示为法兰连接式，常用于铸铁制的缸筒上；图 2-15b 所示为半环连接式，常用于无缝钢管或锻钢制的缸筒上；图 2-15c 所示为螺纹联接式，常用于无缝钢管或铸钢制的缸筒上；图 2-15d 所示为拉杆连接式；图 2-15e 所示为焊接连接式。

② 活塞和活塞杆。可以把短行程的液压缸的活塞杆与活塞做成一体，这是最简单的形式。但当行程较长时，这种整体式活塞组件的加工较困难，因此常把活塞与活塞杆分开加工，然后再连接成一体。如图 2-16 所示为几种常用的活塞组件结构形式。

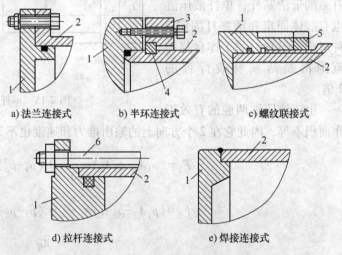

a) 法兰连接式　　b) 半环连接式　　c) 螺纹联接式

d) 拉杆连接式　　　e) 焊接连接式

图 2-15　缸筒和缸盖的常见结构

1—缸盖　2—缸筒　3—压板　4—半环　5—防松螺母　6—拉杆

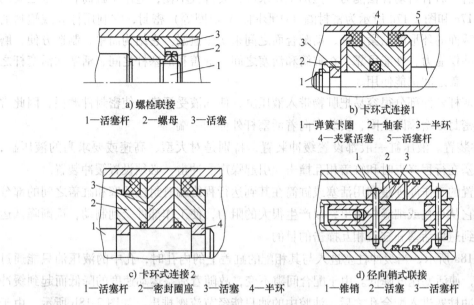

a) 螺栓联接
1—活塞杆 2—螺母 3—活塞

b) 卡环式连接1
1—弹簧卡圈 2—轴套 3—半环
4—夹紧活塞 5—活塞杆

c) 卡环式连接2
1—活塞杆 2—密封圈座 3—活塞 4—半环

d) 径向销式联接
1—锥销 2—活塞 3—活塞杆

图 2-16 常用的活塞组件结构形式

图 2-16a 中活塞与活塞杆之间采用螺栓联接，它适用于负载较小，受力无冲击的液压缸。螺纹联接虽然结构简单，安装方便可靠，但在活塞杆上车螺纹会削弱其强度。图 2-16b、图 2-16c 所示为卡环式连接结构。图 2-16b 中活塞杆 5 上开有 1 个环形槽，槽内装有 2 个半环 3 以夹紧活塞 4，半环 3 由轴套 2 套住，而轴套 2 的轴向位置用弹簧卡圈 1 来固定。图 2-16c 中的活塞杆使用了 2 个半环 4，它们分别由 2 个密封圈座 2 套住，半圆形的活塞 3 安放在密封圈座的中间。图 2-16d 所示是一种径向销式联接结构，用锥销 1 把活塞 2 联接在活塞杆 3 上。这种连接方式特别适用于双出杆式活塞。

③ 密封装置。液压缸中常用的密封装置如图 2-17 所示。图 2-17a 所示为间隙密封，它依靠运动间的微小间隙来防止泄漏。为了提高这种装置的密封性能，常在活塞的表面上制出几条细小的环形槽，以增大油液通过间隙时的阻力。间隙密封结构简单，摩擦阻力小，耐高温，但泄漏大，加工要求高，磨损后无法恢复原有能力，只有在尺寸较小、压力较低、相对运动速度较高的缸筒和活塞间使用。图 2-17b 所示为摩擦环密封，它依靠套在活塞上的摩擦环（尼龙或其他高分子材料制成）在 O

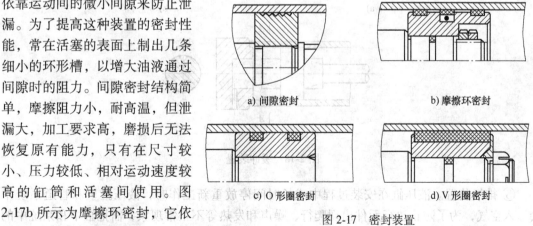

a) 间隙密封

b) 摩擦环密封

c) O形圈密封

d) V形圈密封

图 2-17 密封装置

形密封圈弹力作用下贴紧缸壁而防止泄漏。这种材料密封效果较好，摩擦阻力较小且稳定，可耐高温，磨损后有自动补偿能力，但加工要求高，装拆较不便，适用于缸筒和活塞之间的密封。图 2-17c 和图 2-17d 所示为密封圈（O 形圈、V 形圈等）密封，它利用橡胶或塑料的弹性使各种截面的环形圈贴紧在静、动配合面之间来防止泄漏。它结构简单，制造方便，磨损后有自动补偿能力，性能可靠，在缸筒和活塞之间、缸盖和活塞杆之间、活塞和活塞杆之间、缸筒和缸盖之间都能使用。

由于活塞杆外伸部分很容易把脏物带入液压缸，使油液受污染，使密封件磨损，因此常需在活塞杆密封处增添防尘圈，安装在向着活塞杆外伸的一端。

④ 缓冲装置。液压缸一般都设置缓冲装置，特别是对大型、高速或要求高的液压缸，为了防止活塞在行程终点时和缸盖相互撞击，引起噪声、冲击，必须设置缓冲装置。

缓冲装置的工作原理是利用活塞或缸筒在其到达行程终端时封住活塞和缸盖之间的部分油液，强迫它从小孔或细缝中挤出，以产生很大的阻力，使工作部件受到制动，逐渐降低运动速度，达到避免活塞和缸盖相互撞击的目的。

如图 2-18a 所示，当缓冲柱塞进入与其相配的缸盖上的内孔时，孔中的液压油只能通过间隙 δ 排出，使活塞速度降低。由于配合间隙不变，故随着活塞运动速度的降低而起到缓冲作用。当缓冲柱塞进入配合孔之后，油腔中的油只能经节流阀排出，如图 2-18b 所示。由于节流阀是可调的，因此缓冲作用也可调节，但仍不能解决速度降低后缓冲作用减弱的问题。如图 2-18c 所示，在缓冲柱塞上开有三角槽，随着柱塞逐渐进入配合孔中，其节流面积越来越小，解决了在行程最后阶段缓冲作用过弱的问题。

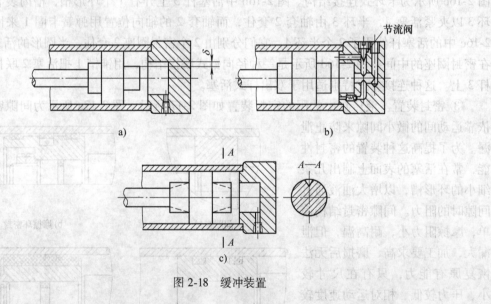

图 2-18　缓冲装置

⑤ 排气装置。液压缸在安装过程中或长时间停放重新工作时，液压缸里和管道系统中会渗入空气，为了防止执行元件出现爬行、噪声和发热等不正常现象，需把缸中和系统中的空气排出。一般可在液压缸的最高处设置进出油口把气带走，也可在最高处设置如图 2-19 所示的排气装置。

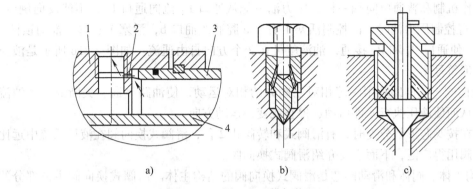

图 2-19 排气装置

1—缸盖 2—排气小孔 3—缸体 4—活塞杆

三、液压控制阀

1. 方向控制阀

（1）单向阀 液压系统中常见的单向阀有普通单向阀和液控单向阀 2 种。

1）普通单向阀。普通单向阀的作用是使油液只能沿一个方向流动，不允许其反向倒流。如图 2-20a 所示是一种管式普通单向阀的结构图。压力油从阀体左端的通口 P_1 流入时，克服弹簧 3 作用在阀芯 2 上的力，使阀芯向右移动，打开阀口，并通过阀芯 2 上的径向孔 a、轴向孔 b 从阀体右端的通口 P_2 流出。当压力油从阀体右端的通

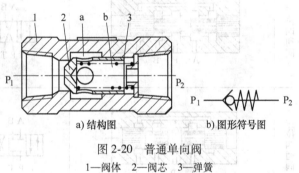

a) 结构图   b) 图形符号图

图 2-20 普通单向阀

1—阀体 2—阀芯 3—弹簧

口 P_2 流入时，它和弹簧力的方向一致使阀芯锥面压紧在阀座上，阀口关闭，油液无法通过。如图 2-20b 所示是单向阀的图形符号图。

2）液控单向阀。如图 2-21a 所示是液控单向阀的结构图。当控制口 K 处无压力油通入

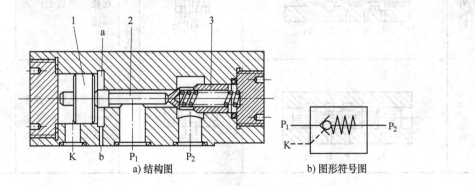

a) 结构图   b) 图形符号图

图 2-21 液控单向阀

1—活塞 2—顶杆 3—阀芯

时，它的工作机制和普通单向阀一样，压力油只能从通口 P_1 流向通口 P_2，不能反向倒流。当控制口 K 有控制压力油时，因控制活塞 1 右侧 a 腔通泄油口 b，活塞 1 右移，推动顶杆 2 顶开阀芯 3，使通口 P_1 和 P_2 接通，油液就可在 2 个方向自由通流。如图 2-21b 所示是液控单向阀的图形符号图。

（2）换向阀　换向阀利用阀芯相对于阀体的相对运动，使油路接通、关断或变换油流动的方向，从而使液压执行元件启动、停止或变换运动方向。

换向阀在按阀芯形状分类时，有滑阀式和转阀式 2 种，滑阀式换向阀在液压系统中远比转阀式换向阀用得广泛，下面主要介绍滑阀式换向阀。

1）结构主体。阀体和滑动阀芯是滑阀式换向阀的结构主体。滑阀式换向阀主体部分的结构形式见表 2-1。由表可见，阀体上开有多个通口，阀芯移动后可以停留在不同的工作位置上。

表 2-1　滑阀式换向阀主体部分的结构形式

名称	结构原理图	职能符号	使用场合	
二位四通阀	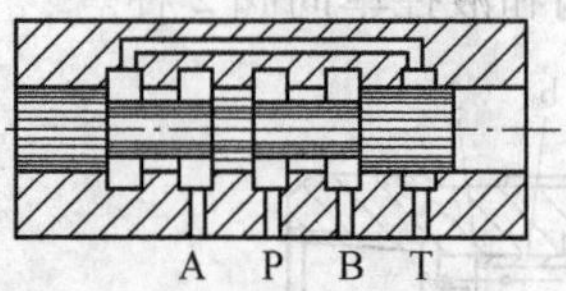 A P B T	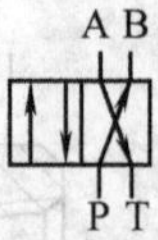 A B P T	控制执行元件换向	不能使执行元件在任一位置上停止运动
三位四通阀	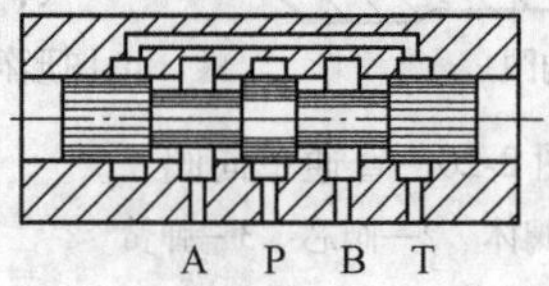 A P B T	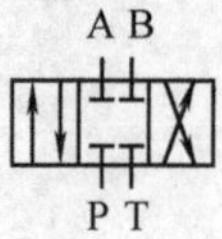 A B P T		能使执行元件在任一位置上停止运动
二位五通阀	T_1 A P B T_2	A B $T_1 P T_2$	控制执行元件换向	不能使执行元件在任一位置上停止运动
三位五通阀	T_1　　T_2 T_1 A P B T_2	A B $T_2 P T_1$		能使执行元件在任一位置上停止运动

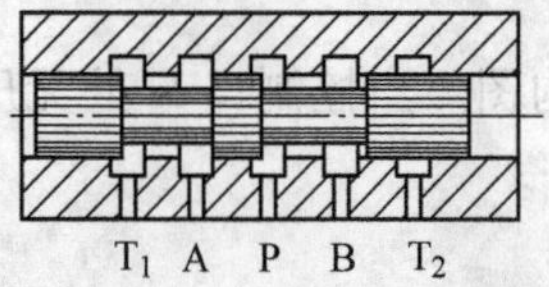

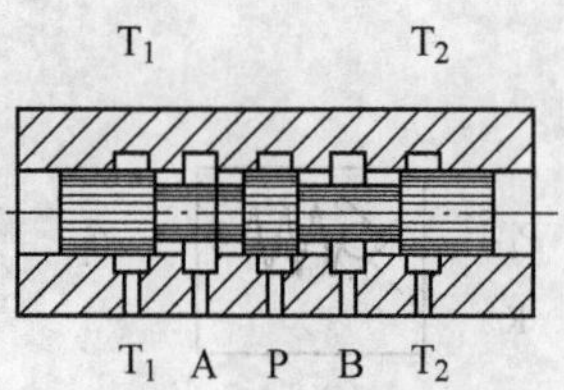

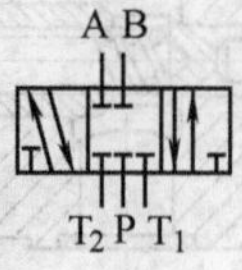

（右侧合并列说明）
- 二位四通阀、三位四通阀：执行元件正反向运动时回油方式相同
- 二位五通阀、三位五通阀：执行元件正反向运动时可以得到不同的回油方式

2）滑阀的操纵方式。常用的滑阀操纵方式如图 2-22 所示。

3）换向阀的中位机能分析。三位换向阀的阀芯在中间位置时，各通口间有不同的连通

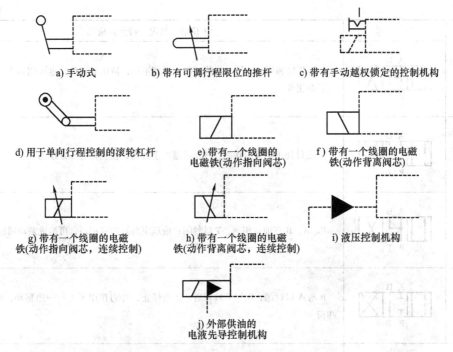

a) 手动式   b) 带有可调行程限位的推杆   c) 带有手动越权锁定的控制机构

d) 用于单向行程控制的滚轮杠杆   e) 带有一个线圈的电磁铁(动作指向阀芯)   f) 带有一个线圈的电磁铁(动作背离阀芯)

g) 带有一个线圈的电磁铁(动作指向阀芯,连续控制)   h) 带有一个线圈的电磁铁(动作背离阀芯,连续控制)   i) 液压控制机构

j) 外部供油的电液先导控制机构

图 2-22 常用的滑阀操纵方式

方式,可满足不同的使用要求。这种连通方式称为换向阀的中位机能。三位四通换向阀常用的中位机能型号、符号及其特点见表 2-2。

表 2-2 三位四通换向阀常用的中位机能型号、符号及其特点

型号	符号	中位油口状况、特点及应用
O 型	A B / P T	P、A、B、T 四油口全封闭；液压泵不卸荷，液压缸闭锁；可用于多个换向阀的并联工作
H 型	A B / P T	四油口全串通；活塞处于浮动状态，在外力作用下可移动；液压泵卸荷
Y 型	A B / P T	P 口封闭，A、B、T 三油口相通；活塞浮动，在外力作用下可移动；液压泵不卸荷
K 型	A B / P T	P、A、T 三油口相通，B 口封闭；活塞处于闭锁状态；液压泵卸荷

（续）

型号	符　　号	中位油口状况、特点及应用
M型	A B P T	P与T口相通，A与B口均封闭；活塞不动；液压泵卸荷，也可用多个M型换向阀并联工作
X型	A B P T	四油口处于半开启状态；液压泵基本上卸荷，但仍保持一定压力
P型	A B P T	P、A、B三油口相通，T口封闭；液压泵与缸两腔相通，可组成差动回路
J型	A B P T	P与A口封闭，B与T口相通；活塞停止，外力作用下可向一边移动；液压泵不卸荷
C型	A B P T	P与A口相通，B与T口均封闭；活塞处于停止位置
N型	A B P T	P与B口均封闭，A与T口相通；与J型换向阀功能相似，只是A与B口互换了，功能也类似
U型	A B P T	P与T口都封闭，A与B口相通；活塞浮动，在外力作用下可移动；液压泵不卸荷

2. 压力控制阀

在液压传动系统中，控制油液压力高低的液压阀称为压力控制阀，简称压力阀。这类阀的共同点是利用作用在阀芯上的液压力和弹簧力相平衡的原理工作。

在具体的液压系统中，根据工作需要的不同，对压力控制的要求是各不相同的：有的需要限制液压系统的最高压力，如安全阀；有的需要稳定液压系统中某处的压力值（或者压力差、压力比等），如溢流阀、减压阀等定压阀；还有的是利用液压力作为信号控制其动作，如顺序阀、压力继电器等。

（1）溢流阀

1）溢流阀的作用。溢流阀的主要作用是对液压系统进行定压或安全保护。几乎在所有的液压系统中都需要用到它，其性能好坏对整个液压系统的正常工作有很大影响。

2）溢流阀的分类。常用的溢流阀按其结构形式和基本动作方式可归结为直动式和先导式 2 种。在工程机械中最常用的是先导式溢流阀。

3）先导式溢流阀的基本结构及其工作原理。如图 2-23 所示为先导式溢流阀的结构示意图和图形符号图，压力油从 P 口进入，通过阻尼孔 3 后作用在导阀 4 上，当进油口压力较低，导阀上的液压作用力不足以克服导阀右边的弹簧 5 的作用力时，导阀关闭，没有油液流过阻尼孔，因此主阀芯 2 两端的压力相等，在较软的主阀弹簧 1 作用下，主阀芯 2 处于最下端位置，溢流阀阀口 P 和 T 隔断，没有溢流。当进油口压力升高到作用在导阀上的液压力大于导阀弹簧作用力时，导阀打开，压力油就可通过阻尼孔、经导阀流回油箱。由于阻尼孔的作用，使主阀芯上端的液压力 p_1 小于下端压力 p_2，当这个压力差作用在面积为 AB 的主阀芯上的力等于或超过主阀弹簧力 F_1，轴向稳态液动力 F_2、摩擦力 F_f 和主阀芯自重 G 时，主阀芯开启，油液从 P 口流入，经主阀阀口由 T 口流回油箱，实现溢流。

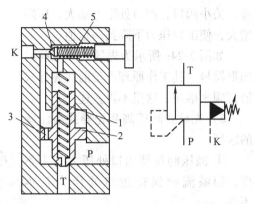

图 2-23　先导式溢流阀的结构示意图和图形符号图
1—主阀弹簧　2—主阀芯　3—阻尼孔
4—导阀　5—导阀弹簧

先导式溢流阀有一个远程控制口 K，如果将 K 口用油管接到另一个远程调压阀（远程调压阀的结构和溢流阀的先导控制部分一样），调节远程调压阀的弹簧力，即可调节溢流阀主阀芯上端的液压力，从而对溢流阀的溢流压力实现远程调压。但是，远程调压阀所能调节的最高压力不得超过溢流阀本身导阀的调整压力。当远程控制口 K 通过二位二通阀接通油箱时，主阀芯上端的压力接近于零，主阀芯上移到最高位置，阀口开得很大。由于主阀弹簧较软，这时溢流阀 P 口处压力很低，系统的油液在低压下通过溢流阀流回油箱，实现卸荷。

（2）减压阀

1）定义。减压阀是使出口压力（二次压力）低于进口压力（一次压力）的一种压力控制阀。

2）作用。用于降低液压系统中某一回路的油液压力，可使一个油源能同时提供 2 个或几个不同压力的输出。

3）应用。减压阀在各种液压设备的夹紧系统、润滑系统和控制系统中应用较多。此外，当油液压力不稳定时，在回路中串入一个减压阀可得到一个稳定的、较低的压力。

4）分类。根据减压阀所控制的压力不同，可分为定值减压阀、定差减压阀和定比减压阀。在工程机械中定值减压阀应用得较为广泛。

5）定值减压阀的结构和工作原理。

如图 2-24a 和图 2-24b 所示分别为直动式减压阀的结构示意图和图形符号。P_1 口是进油口，P_2 口是出油口，阀不工作时，阀芯在弹簧作用下处于最下端位置，阀的进、出油口是相通的，即阀是常开的。若出口压力增大，使作用在阀芯下端的压力大于弹簧力时，则阀芯上移，关小阀口，这时阀处于工作状态。若忽略其他阻力，仅考虑作用在阀芯上的液压力和弹簧力相平衡的条件，则可以认为出口压力基本上维持在某一定值——调定值上。这时如出口压力减小，阀芯就下移，开大阀口，阀口处阻力减小，压降减小，使出口压力回升到调定值；反之，若出口压力增大，则阀芯上移，关小阀口，阀口处阻力加大，压降增大，使出口压力下降到调定值。

如图 2-24c 所示为先导式减压阀的图形符号，其工作原理可仿前述先导式溢流阀来推演，这里不再赘述。

6）先导式减压阀和先导式溢流阀的区别：

① 减压阀保持出口处压力基本不变，而溢流阀保持进口处压力基本不变。

② 在不工作时，减压阀进、出油口互通，而溢流阀进出油口不通。

③ 为保证减压阀出口压力调定值恒定，它的导阀弹簧腔需通过泄油口单独外接油箱；而溢流阀的出油口是通油箱的，因此它的导阀弹簧腔和泄漏油可通过阀体上的通道和出油口相通，不必单独外接油箱。

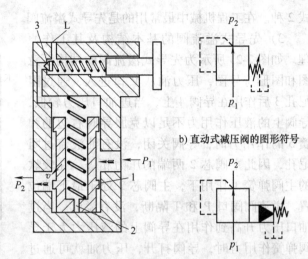

b) 直动式减压阀的图形符号

a) 直动式减压阀的结构示意图　　c) 先导式减压阀的图形符号

图 2-24　减压阀
1—主阀芯　2—阻尼孔　3—导阀阀芯
v—阀口流速　L—外泄漏油口

（3）顺序阀

1）作用。顺序阀用来控制液压系统中各执行元件动作的先后顺序。

2）分类。根据控制压力的不同，顺序阀又可分为内控式和外控式 2 种。前者用阀的进口压力控制阀芯的启闭，后者用外来的控制压力油控制阀芯的启闭。

3）应用。顺序阀也有直动式和先导式 2 种，前者一般用于低压系统，后者用于中高压系统。

4）顺序阀结构和工作原理。如图 2-25 所示为直动式外控顺序阀的工作原理图。当进油口压力 p_1 较低时，阀芯在弹簧作用下处下端位置，进油口和出油口不相通。当作用在阀芯下端的油液的压力大于弹簧的预紧力时，阀芯向上移动，阀口打开，油液便经阀口从出油口流出，从而操纵另一执行元件或其他元件动作。由图可见，顺序阀和溢流阀的结构基本相似，不同的只是顺序阀的出油口通向系统的另一条压力油路，而溢流阀的出油口通向油箱。此外，由于顺序阀的进、出油口均为压力油，因此它的泄油口 L 必须单独外接油箱。

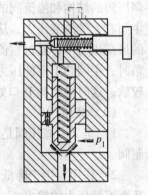

图 2-25　直动式外控顺序阀的工作原理图

如图 2-26 所示为先导式顺序阀的图形符号，其工作原理可仿前述先导式溢流阀推演，在此不再重复。

5）先导式顺序阀和先导式溢流阀的区别

① 溢流阀的进口压力在通流状态下基本不变。而顺序阀在通流状态下的进口压力由出口压力而定，当出口压力 p_2 比进口压力 p_1 低得

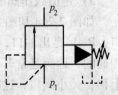

图 2-26　先导式顺序阀的图形符号

多时，p_1 基本不变，而当 p_2 增大到一定程度时，p_1 也随之增加，则 $p_1 = p_2 + \Delta p$，Δp 为顺序阀上的损失压力。

② 溢流阀为内泄漏，而顺序阀需单独引出泄漏通道，为外泄漏。

③ 溢流阀的出口必须回油箱，顺序阀出口可接负载。

（4）压力继电器　压力继电器是一种将油液的压力信号转换成电信号的电液控制元件，当油液压力达到压力继电器的调定压力时，即发出电信号，以控制电磁铁、电磁离合器和继电器等元件动作，使油路卸压、换向、执行元件实现顺序动作，或关闭电动机，使系统停止工作，起安全保护作用等。如图 2-27 所示为常用柱塞式压力继电器的结构示意图和图形符号。当从压力继电器下端进油口通入的油液压力达到调定压力值时，推动柱塞 1 上移，此位移通过杠杆 2 放大后推动开关 4 动作。改变弹簧 3 的压缩量即可以调节压力继电器的动作压力。

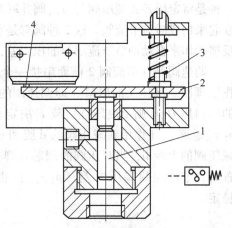

图 2-27　柱塞式压力继电器
的结构示意图和图形符号

1—柱塞　2—杠杆　3—弹簧　4—开关

3. 流量控制阀

液压系统中执行元件运动速度的大小，由输入执行元件的油液流量的大小来确定。流量控制阀就是依靠改变阀口通流面积（节流口局部阻力）的大小或通流通道的长短来控制流量的液压阀类。

常用的流量控制阀有普通节流阀、压力补偿和温度补偿调速阀、溢流节流阀和分流集流阀等。

（1）普通节流阀　如图 2-28 所示为一种普通节流阀的结构示意图和图形符号。这种节流阀的节流通道呈轴向三角槽式。压力油从进油口 P_1 流入孔道 a 和阀芯 1 左端的三角槽进入孔道 b，再从出油口 P_2 流出。调节手柄 3，可通过推杆 2 使阀芯作轴向移动，以改变节流口的通流截面积来调节流量。阀芯在弹簧的作用下始终贴紧在推杆上，这种节流阀的进出油口可互换。

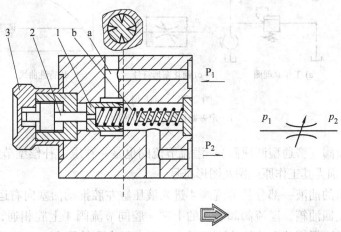

图 2-28　普通节流阀的结构示意图和图形符号

1—阀芯　2—推杆　3—调节手柄

（2）调速阀　普通节流阀由于刚度差，在节流开口一定的条件下通过它的工作流量受工作负载（亦即其出口压力）变化的影响，不能保持执行元件运动速度的稳定，因此只适用于工作负载变化不大和速度稳定性要求不高的场合。

由于工作负载的变化很难避免，为了改善调速系统的性能，通常是对节流阀进行补偿，即采取措施使节流阀前后压力差在负载变化时始终保持不变。由 $q = KA\Delta p$ 可知，当 Δp 基本不变时，通过节流阀的流量只由其开口量大小来决定，使 Δp 基本保持不变的方式有 2 种：一种是将定压差式减压阀与节流阀并联起来构成调速阀；另一种是将稳压溢流阀与节流阀并联起来构成溢流节流阀。这 2 种阀都是利用流量的变化引起油路压力的变化，通过阀芯的负反馈动作来自动调节节流部分的压力差，使其保持不变。

调速阀是在节流阀 2 前面串接一个定差减压阀 1 组合而成的，如图 2-29a 所示为其工作原理图。液压泵的出口（即调速阀的进口）压力 p_1 由溢流阀调整基本不变，而调速阀的出口压力 p_3 则由液压缸负载 F 决定。油液先经减压阀产生一次压降，将压力降到 p_3，p_2 经通道 e、f 作用到减压阀的 d 腔和 c 腔；节流阀的出口压力 p_3 又经反馈通道 a 作用到减压阀的上腔 b，当减压阀的阀芯在弹簧力 f_s、油液压力 p_2 和 p_3 作用下处于某一平衡位置时，节流阀两端压力差（$p_2 - p_3$）也基本保持不变，这就保证了通过节流阀的流量稳定。

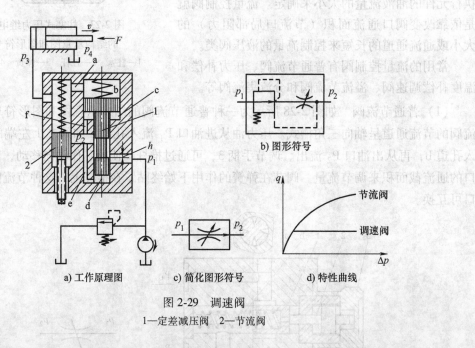

图 2-29　调速阀
1—定差减压阀　2—节流阀

（3）溢流节流阀（旁通型调速阀）　溢流节流阀也是一种压力补偿型节流阀，如图 2-30a 和图 2-30b 所示分别为其工作原理图及图形符号。

从液压泵输出的油液一部分从节流阀 4 进入液压缸左腔推动活塞向右运动，另一部分经溢流阀的溢流口流回油箱，溢流阀阀芯 3 的上端 a 腔同节流阀 4 上腔相通，其压力为 p_2；b腔和下端 c 腔同溢流阀阀芯 3 前的油液相通，其压力即为泵的压力 p_1，当液压缸活塞上的负载力 F 增大时，压力 p_2 升高，a 腔的压力也升高，使溢流阀阀芯 3 下移，关小溢流口，这

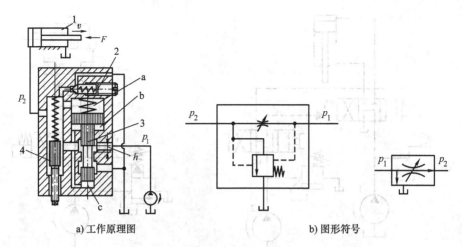

a) 工作原理图　　　　　　　　　　　　　b) 图形符号

图 2-30 溢流节流阀

1—液压缸 2—安全阀 3—溢流阀阀芯 4—节流阀

样就使液压泵的供油压力 p_1 增加，从而使节流阀 4 的前、后压力差（p_1-p_2）基本保持不变。这种溢流阀一般附带一个安全阀 2，以避免系统过载。

第二节　工程机械液压基本回路

一、方向控制回路

在液压系统中，起控制执行元件的起动、停止及换向作用的回路，称为方向控制回路。方向控制回路有换向回路和锁紧回路。

1. 换向回路

如图 2-31 所示为先导阀控制液动换向阀的换向回路。回路中用辅助泵 2 提供低压控制油，通过手动先导阀 3（三位四通转阀）来控制液动换向阀 4 的阀芯移动，实现主油路的换向，当手动先导阀 3 在右位时，控制油进入液动换向阀 4 的左端，右端的油液经手动先导阀 3 回油箱，使液动换向阀 4 左位接入工件，活塞下移。当手动先导阀 3 切换至左位时，即控制油使液动换向阀 4 换向，活塞向上退回。当手动先导阀 3 处于中位时，液动换向阀 4 两端的控制油通油箱，在弹簧力的作用下，其阀芯回到中位，主泵 1 卸荷。这种换向回路，常用于大型液压机上。

在液动换向阀的换向回路或电液动换向阀的换向回路中，控制油液除了用辅助泵供给外，在一般的系统中也可以把控制油路直接接入主油路。但是，当主阀采用 M 型或 H 型中位机能时，必须在回路中设置背压阀，保证控制油液有一定的压力，以控制换向阀阀芯的移动。

在起重机等不需要自动换向的场合，常常采用手动换向阀来进行换向。

2. 锁紧回路

为了使工作部件能在任意位置上停留，以及在停止工作时，防止在受力的情况下发生移动，可以采用锁紧回路，如图 2-32 所示。

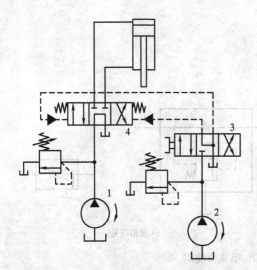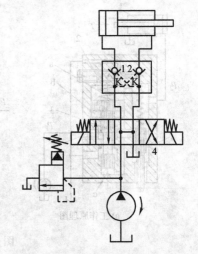

图 2-31　先导阀控制液动换向阀的换向回路　　图 2-32　采用液控单向阀的锁紧回路
1—主泵　2—辅助泵　3—手动先导阀　4—液动换向阀　　　　　　　1、2—单向阀

　　采用 O 型或 M 型机能的三位换向阀，当阀芯处于中位时，液压缸的进、出口都被封闭，可以将活塞锁紧，这种锁紧回路由于受到滑阀泄漏的影响，锁紧效果较差。

　　如图 2-32 所示是采用液控单向阀的锁紧回路。在液压缸的进、回油路中都串接液控单向阀（又称液压锁），活塞可以在行程的任何位置锁紧。其锁紧精度只受液压缸内少量的内泄漏影响，因此，锁紧精度较高。采用液控单向阀的锁紧回路，换向阀的中位机能使液控单向阀的控制油液卸压（换向阀采用 H 型或 Y 型），此时，液控单向阀便立即关闭，活塞停止运动。若采用 O 型机能，则在换向阀中位时，由于液控单向阀的控制腔压力油被闭死而不能使其立即关闭，直至由换向阀的内泄漏使控制腔泄压后，液控单向阀才能关闭，影响其锁紧精度。

二、压力控制回路

　　压力控制回路是用压力阀来控制和调节液压系统主油路或某一支路的压力，以满足执行元件速度换接回路所需的力或力矩的要求。利用压力控制回路可实现对系统调压（稳压）、减压、增压、卸荷、保压与平衡等各种控制。

1. 调压回路

　　当液压系统工作时，液压泵应向系统提供所需压力的液压油，同时，应能节省能源，减少油液发热，提高执行元件运动的平稳性。因此，应设置调压回路。

　　当液压泵一直工作在系统的调定压力时，就要通过溢流阀调节并稳定液压泵的工作压力。在变量泵系统中或旁路节流调速系统中用溢流阀（当安全阀用）限制系统的最高安全压力。当系统在不同的工作时间内需要有不同的工作压力时，可采用二级或多级调压回路。

　　（1）单级调压回路　如图 2-33a 所示，通过液压泵 1 和直动式溢流阀 2 的并联连接，即可组成单级调压回路。通过调节溢流阀的压力，可以改变泵的输出压力。当溢流阀的调定压力确定后，液压泵就在溢流阀的调定压力下工作，从而实现了对液压系统进行调压和稳压控制。如果将液压泵 1 改换为变量泵，则溢流阀将作为安全阀来使用，液压泵的工作压力低于溢流阀的调定压力，这时溢流阀不工作。当系统出现故障，液压泵的工作压力上升时，一旦压力达到溢流阀的调定压力，溢流阀将开启，并将液压泵的工作压力限制在溢流阀的调定压力下，使液压系统不会因压力过载而受到破坏，从而保护了液压系统。

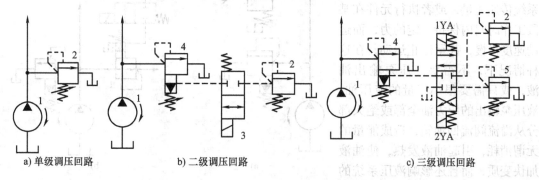

图 2-33　调压回路

1—液压泵　2、5—直动式溢流阀　3—二位二通电磁阀　4—先导式溢流阀

（2）二级调压回路　如图 2-33b 所示为二级调压回路，该回路可实现 2 种不同的系统压力控制。由直动式溢流阀 2 和先导式溢流阀 4 各调一级，当二位二通电磁阀 3 处于图示位置时系统压力由阀 4 调定，当阀 3 得电后处于右位时，系统压力由阀 2 调定，但要注意：阀 2 的调定压力一定要小于阀 4 的调定压力，否则不能实现；当系统压力由阀 2 调定时，阀 4 的先导阀口关闭，但主阀开启，液压泵 1 的溢流流量经主阀回油箱，这时阀 2 也处于工作状态，并有油液通过。

（3）多级调压回路　如图 2-33c 所示为三级调压回路，三级压力分别由溢流阀 2、4、5 调定，当电磁铁 1YA、2YA 失电时，系统压力由主溢流阀 4 调定。当 1YA 得电时，系统压力由阀 2 调定。当 2YA 得电时，系统压力由阀 5 调定。在这种调压回路中，阀 2 和阀 5 的调定压力要低于主溢流阀 4 的调定压力，而阀 2 和阀 5 的调定压力之间没有一定的关系。当阀 2 或阀 5 工作时，阀 2 或阀 5 相当于阀 4 上的另一个先导阀。

2. 减压回路

当泵的输出压力是高压而局部回路或支路要求低压时，可以采用减压回路，如机床液压系统中的定位、夹紧回路，以及液压元件的控制油路等，它们往往要求比主油路较低的压力。减压回路较为简单，一般是在所需低压的支路上串接减压阀。采用减压回路虽能方便地获得某支路稳定的低压，但压力油经减压阀口时要产生压力损失，这是它的缺点。

最常用的减压回路为通过定值减压阀与主油路相连，如图 2-34a 所示。回路中的单向阀为主油路压力降低（低于减压阀调整压力）时防止油液倒流，起短时保压作用，减压回路中也可以采用类似两级或多级调压的方法获得两级或多级减压。

如图 2-34b 所示为利用先导式减压阀 1 的远控口接一远控溢流阀 2，则可由阀 1、阀 2 各调得一种低压。但要注意，溢流阀 2 的调定压力值一定要低于阀 1 的调定减压值。

为了使减压回路工作可靠，减压阀的最低调整压力不应小于 0.5MPa，最高调整压力至少应比系统压力小 0.5MPa。当减压回路中的执行元件需要调速时，调速元件应放在减压阀的后面，以避免减压阀泄漏（指由减压阀泄油口流回油箱的油液）对执行元件的运行速度产生影响。

3. 卸荷回路

在液压系统工作中，有时执行元件短时间停止工作，不需要液压系统传递能量，或者执行元件在某段工作时间内保持一定的力，而运动速度极慢，甚至停止运动，在这种情况下，不需要液压泵输出油液，或只需要很小流量的液压油，液压泵输出的压力油全部或绝大部分从溢流阀流回油箱，造成能量的无谓消耗，引起油液发热，使油液加快变质，而且还影响液压系统的性能及泵的寿命。

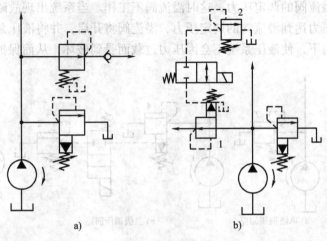

图 2-34 减压回路

1—先导式减压阀 2—溢流阀

为此，需要采用卸荷回路，卸荷回路的功用是在液压泵驱动电动机不频繁起闭的情况下，使液压泵在功率输出接近于零的情况下运转，以减少功率损耗，降低系统发热，延长泵和电动机的寿命。因为液压泵的输出功率为其流量和压力的乘积，两者任一近似为零，功率损耗即近似为零。因此液压泵的卸荷有流量卸荷和压力卸荷 2 种，前者主要是使用变量泵，使变量泵仅为补偿泄漏而以最小流量运转，此方法比较简单，但泵仍在高压状态下运行，磨损比较严重；压力卸荷的方法是使泵在接近零压下运转。

常见的压力卸荷方式有以下几种：

（1）换向阀卸荷回路 M、H 和 K 型中位机能的三位换向阀处于中位时，泵即卸荷，如图 2-35 所示为 M 型中位机能的电液换向阀的卸荷回路，这种回路切换时压力冲击小，但回路中必须设置单向阀，以使系统能保持 0.3MPa 左右的压力，供操纵控制油路之用。

（2）用先导式溢流阀的远程控制口卸荷（图 2-36） 先导式溢流阀的远程控制口直接与二位二通电磁阀相连，便构成一种用先导式溢流阀的卸荷回路，这种卸荷回路卸荷压力小，切换时冲击也小。

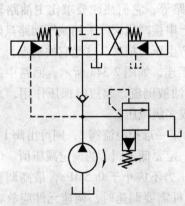

图 2-35 M 型中位机能的电液
换向阀的卸荷回路

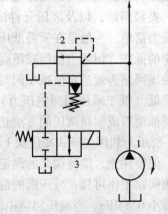

图 2-36 先导式溢流阀远程控制口卸荷

1—液压泵 2—先导式溢流阀 3—二位二通电磁阀

4. 保压回路

在液压系统中，常要求液压执行机构在一定的行程位置上停止运动或在有微小的位移下稳定地维持住一定的压力，这就要采用保压回路。最简单的保压回路是密封性能较好的液控单向阀的回路，但是，阀类元件处的泄漏使得这种回路的保压时间不能维持太久。常用的保压回路有以下几种：

（1）利用液压泵的保压回路　利用液压泵的保压回路也就是在保压过程中，液压泵仍以较高的压力（保压所需压力）工作。若采用定量泵，则压力油几乎全经溢流阀流回油箱，系统功率损失大，易发热，因此只在小功率的系统且保压时间较短的场合下使用。若采用变量泵，则在保压时泵的压力较高，但输出流量几乎等于零，液压系统的功率损失小，这种保压方法能随泄漏量的变化而自动调整输出流量，因而其效率也较高。

（2）利用蓄能器的保压回路　如图 2-37a 所示的回路，当主换向阀在左位工作时，液压缸向前运动且压紧工件，进油路压力升高至调定值，压力继电器动作使二位二通阀通电，泵即卸荷，单向阀自动关闭，液压缸则由蓄能器保压。缸压不足时，压力继电器复位使泵重新工作。保压时间的长短取决于蓄能器容量，调节压力继电器的工作区间即可调节缸中压力的最大值和最小值。如图 2-37b 所示为多缸系统中的保压回路，这种回路当主油路压力降低时，单向阀 3 关闭，支路由蓄能器 4 保压补偿泄漏，压力继电器 5 的作用是当支路压力达到预定值时发出信号，使主油路开始动作。

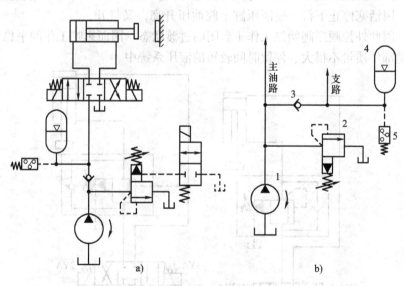

图 2-37　利用蓄能器的保压回路

1—液压泵　2—先导式溢流阀　3—单向阀　4—蓄能器　5—压力继电器

（3）自动补油保压回路　如图 2-38 所示为采用液控单向阀和电接触式压力表的自动补油保压回路，其工作原理为当 1YA 得电，换向阀右位接入回路，液压缸上腔压力上升至电接触式压力表的上限值时，上触点接电，使电磁铁 1YA 失电，换向阀处于中位，液压泵卸荷，液压缸由液控单向阀保压。当液压缸上腔压力下降到预定下限值时，电接触式压力表又发出信号，使 1YA 得电，液压泵再次向系统供油，使压力上升。当压力达到上限值时，上触点又发出信号，使1YA失电。因此，这一回路能自动地使液压缸补充压力油，使其压力能长期保持在一定范围内。

5. 平衡回路

平衡回路的功用在于防止垂直或倾斜放置的液压缸和与之相连的工作部件因自重而自行下落。

如图2-39a所示为采用内控顺序阀的平衡回路，当1YA得电后活塞下行时，回油路上就存在着一定的背压；只要将这个背压调得能支承住活塞和与之相连的工作部件自重，活塞就可以平稳地下落。当换向阀处于中位时，活塞就停止运动，不再继续下移。这种回路当活塞向下快速运动时功率损失大，锁住时活塞和与之相连的工作部件会因内控顺序阀和换向阀的泄漏而缓慢下落，因此它只适用于工作部件质量不大、活塞锁住时定位要求不高的场合。如图2-39b所示为采用外控顺序阀的平衡回路。当活塞下行时，控制压力油打开外控顺序阀，背压消失，因而回路效率较高；当停止工作时，外控顺序阀关闭以防止活塞和工作部件因自重而下降。这种平衡回路的优点是只有上腔进油时活塞才下行，比较安全可靠；缺点是，活塞下行时平稳性较差。这是因为活塞下行时，液压缸上腔油压降低，将使外控顺序阀关闭。当顺序阀关闭时，因活塞停止下行，使液压缸上腔油压升高，又打开

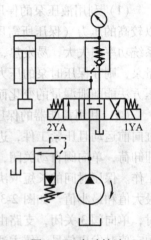

图2-38 自动补油
保压回路

外控顺序阀。因此外控顺序阀始终工作于启闭的过渡状态，因而影响工作的平稳性。这种回路适用于运动部件质量不很大、停留时间较短的液压系统中。

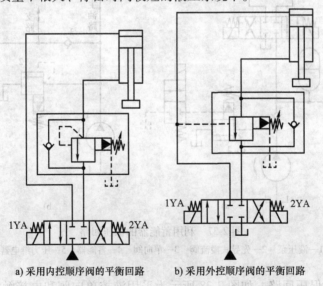

a) 采用内控顺序阀的平衡回路　　b) 采用外控顺序阀的平衡回路

图2-39 采用顺序阀的平衡回路

三、速度控制回路

速度控制回路的作用是调节和变换液压系统的速度，常用的速度控制回路有调速回路和

快速运动回路。

1. 调速回路

从液压马达的工作原理可知，液压马达的转速 n_m 由输入流量 q 和液压马达的排量 V_m 决定，即 $n_m = q/V_m$，液压缸的运动速度 v 由输入流量 q 和液压缸的有效作用面积 A 决定，即 $v = q/A$。

通过上面的关系可以知道，要想调节液压马达的转速 n_m 或液压缸的运动速度 v，可通过改变输入流量 q、液压马达的排量 V_m 和缸的有效作用面积 A 等方法来实现。由于液压缸的有效作用面积 A 是定值，只有改变输入流量 q 的大小来调速，而改变输入流量 q，可以通过采用流量阀或变量泵来实现，改变液压马达的排量 V_m，可以通过采用变量液压马达来实现，因此，调速回路主要有以下 3 种方式：

节流调速回路，由定量泵供油，用流量阀调节进入或流出执行机构的流量来实现调速；容积调速回路，用调节变量泵或变量马达的排量来调速；容积节流调速回路，用限压变量泵供油，由流量阀调节进入执行机构的流量，并使变量泵的流量与调节阀的调节流量相适应来实现调速。

（1）节流调速回路　节流调速回路是通过调节流量阀的通流截面积大小来改变执行机构的流量，从而实现运动速度的调节。

1）进油节流调速回路。进油节流调速回路是将节流阀安装在执行机构的进油路上，其调速原理如图 2-40 所示。

2）回油节流调速回路。回油节流调速回路将节流阀安装在液压缸的回油路上，其调速原理如图 2-41 所示。

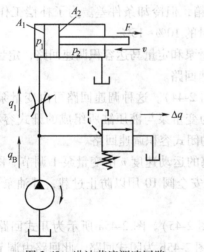

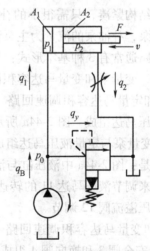

图 2-40　进油节流调速回路　　　图 2-41　回油节流调速回路

3）旁路节流调速回路。这种回路由定量泵、安全阀、液压缸和节流阀组成，节流阀安装在与液压缸并联的旁油路上，其调速原理如图 2-42 所示。

4）采用调速阀的节流调速回路。前面介绍的 3 种基本回路，其速度的稳定性均随负载的变化而变化，对于一些负载变化较大、速度稳定性要求较高的液压系统，可采用调速阀来改善速度—负载特性，其调速原理如图 2-43 所示。

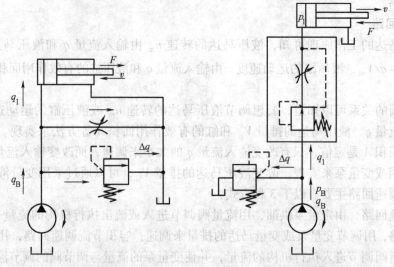

图 2-42　旁路节流调速回路　　　　图 2-43　调速阀进油节流调速回路

（2）容积调速回路　容积调速回路是通过改变回路中液压泵或液压马达的排量来实现调速的。其主要优点是功率损失小（没有溢流损失和节流损失）且其工作压力随负载变化，因此效率高、油温低，适用于高速、大功率系统。

按油路循环方式不同，容积调速回路有开式回路和闭式回路 2 种。开式回路中泵从油箱吸油，执行机构的回油直接回到油箱，油箱容积大，油液能得到较充分冷却，但空气和脏物易进入回路。闭式回路中，液压泵将油输出进入执行机构的进油腔，又从执行机构的回油腔吸油。闭式回路结构紧凑，只需很小的补油箱，但冷却条件差。为了补偿工作中油液的泄漏，一般设补油泵，补油泵的流量为主泵流量的 10% ~ 15%。

容积调速回路通常有 3 种基本形式：变量泵和定量马达容积调速回路，定量泵和变量马达容积调速回路，变量泵和变量马达容积调速回路。

1）变量泵和定量马达容积调速回路（图 2-44）。这种调速回路可由变量泵与液压缸或变量泵与定量液压马达组成。图 2-44a 所示为变量泵与液压缸所组成的开式容积调速回路；图 2-44b 所示为变量泵与定量液压马达组成的闭式容积调速回路。

其工作原理是：图 2-44a 中液压缸与活塞的运动速度 v 由变量泵 1 调节。图 2-44b 所示为采用变量泵 9 来调节液压马达 11 的转速，安全阀 10 用以防止过载，补油泵 7 用以补油，其补油压力由低压溢流阀 12 调节。

2）定量泵和变量马达容积调速回路（图 2-45）。图 2-45a 所示为开式回路：由定量泵 1、变量马达 2、安全阀 3 和换向阀 4 组成；图 2-45b 为闭式回路。此回路由调节变量马达的排量 V_m 来实现调速。

综上所述，定量泵和变量马达容积调速回路由于不能用改变马达的排量来实现平稳换向，调速范围比较小（一般为 3 ~ 4），因此较少单独应用。

3）变量泵和变量马达容积调速回路。这种调速回路是上述 2 种调速回路的组合，其调速特性也具有两者的特点。

这种容积调速回路的调速范围是变量泵调节范围和变量马达调节范围的乘积，因此其调

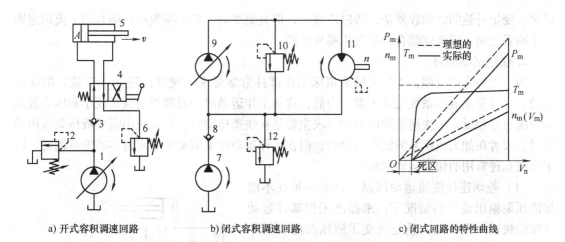

a) 开式容积调速回路   b) 闭式容积调速回路   c) 闭式回路的特性曲线

图 2-44　变量泵和定量马达容积调速回路

1、9—变量泵　2、10—安全阀　3、8—单向阀　4—换向阀　5—液压缸
6—背压阀　7—补油泵　11—液压马达　12—低压溢流阀

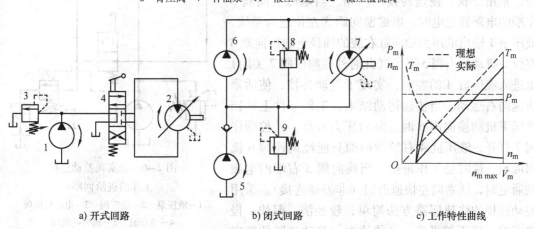

a) 开式回路   b) 闭式回路   c) 工作特性曲线

图 2-45　定量泵和变量马达容积调速回路

1、6—定量泵　2、7—变量马达　3、8—安全阀　4—换向阀　5—补油泵　9—低压溢流阀

速范围大（可达 100），并且有较高的效率，它适用于大功率的场合，如矿山机械、起重机械以及大型机床的主运动液压系统。

（3）调速回路的选用　调速回路的选用主要考虑以下问题：

1）执行机构的负载性质、运动速度和速度稳定性等要求。负载小，且工作中负载变化也小的系统可采用节流阀节流调速；在工作中负载变化较大且要求低速稳定性好的系统，宜采用调速阀的节流调速或容积节流调速；负载大、运动速度高、油的温升要求小的系统，宜采用容积调速回路。

一般来说，功率在 3kW 以下的液压系统宜采用节流调速，功率在 3~5kW 范围的液压系统宜采用容积节流调速，功率在 5kW 以上的液压系统宜采用容积调速回路。

2）工作环境要求。在温度较高的环境下工作，且要求整个液压装置体积小、质量轻的情况，宜采用闭式回路的容积调速。

3）经济性要求。节流调速回路的成本低，功率损失大，效率也低；容积调速回路因变量泵、变量马达的结构较复杂，所以价格高，但其效率高、功率损失小；而容积节流调速则介于两者之间。因此应综合分析选用哪种回路。

2. 快速运动回路

为了提高生产效率，工程机械或机床工作部件常常要求实现空行程（或空载）的快速运动。这时要求液压系统流量大而压力低，这和工作运动时一般需要的流量较小和压力较高的情况正好相反。对快速运动回路的要求主要是在快速运动时，尽量减小需要液压泵输出的流量，或者在加大液压泵的输出流量后，但在工作运动时又不至于引起过多的能量消耗。以下介绍几种常用的快速运动回路：

（1）差动连接快速运动回路 这是一种在不增加液压泵输出流量的情况下，来提高工作部件运动速度的快速回路，其实质是改变了液压缸的有效作用面积。

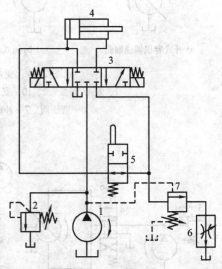

如图2-46所示为能实现差动连接工作的进给回路，是用于快、慢速转换的回路。当电磁换向阀3左端的电磁铁通电时，电磁换向阀3左位进入系统，液压泵1输出的压力油同缸右腔的油经电磁换向阀3左位、机动换向阀5下位（此时外控顺序阀7关闭）也进入液压缸4的左腔，实现了差动连接，使活塞快速向右运动。当快速运动结束，工作部件上的挡铁压下机动换向阀5时，泵的压力升高，外控顺序阀7打开，液压缸4右腔的回油只能经调速阀6流回油箱，这时是工作进给。当换向阀3右端的电磁铁通电时，活塞向左快速退回（非差动连接）。采用差动连接的快速回路方法简单，较经济，但快、慢速度的交接不够平稳。必须注意，差动油路的换向阀和油管通道应按差动时的流量选择，不然流动液阻过大，会使液压泵的部分油从溢流阀流回油箱，速度减慢，甚至不起差动作用。

图2-46 能实现差动连接
工作的进给回路

1—液压泵 2—溢流阀 3—电磁换向阀
4—液压缸 5—机动换向阀
6—调速阀 7—外控顺序阀

（2）双泵供油的快速运动回路 这种回路是利用低压大流量泵和高压小流量泵并联为系统供油，回路如图2-47所示。高压小流量泵1用以实现工作进给运动，为低压大流量泵2实现快速运动。在快速运动时，液压泵2输出的油液经单向阀4和液压泵1输出的油共同向系统供油。在工作进给时，系统压力升高，打开外控顺序阀（卸荷阀）3使低压大流量泵2卸荷，此时单向阀4关闭，由液压泵1单独向系统供油。溢流阀5控制液压泵1的供油压力是根据系统所需最大工作压力来调节的，而卸荷阀3使低压大流量泵2在快速运动时供油，在工作进给时卸荷，因此它的调整压

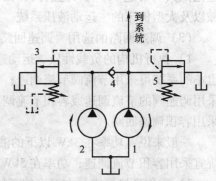

图2-47 双泵供油的快速运动回路
1—高压小流量泵 2—低压大流量泵
3—外控顺序阀 4—单向阀 5—溢流阀

力应比快速运动时系统所需的压力要高，但比溢流阀 5 的调整压力低。

双泵供油回路功率利用合理、效率高，并且速度交接较平稳，在快、慢速度相差较大的工程机械和机床中应用很广泛，缺点是要用一个双联泵，油路系统也稍复杂。

四、顺序动作回路

在多缸液压系统中，往往需要按照一定的要求顺序动作。例如，自动车床中刀架的纵横向运动，夹紧机构的定位和夹紧等。

顺序动作回路按其控制方式不同，分为压力控制、行程控制和时间控制 3 类，其中前 2 类用得较多。

1. 用压力控制的顺序动作回路

压力控制就是利用油路本身的压力变化来控制液压缸的先后动作顺序，它主要利用压力继电器和顺序阀来控制顺序动作。

（1）用压力继电器控制的顺序动作回路　如图 2-48 所示为压力继电器控制的顺序动作回路，其应用于机床的夹紧、进给系统，要求的动作顺序是：先将工件夹紧，然后动力滑台进行切削加工，动作循环开始时，二位四通电磁阀处于图示位置，液压泵输出的压力油进入夹紧缸的右腔，左腔回油，活塞向左移动，将工件夹紧。夹紧后，液压缸右腔的压力升高，当油压超过压力继电器的调定值时，压力继电器发出信号，指令电磁阀的电磁铁 2DT、4DT 通电，进给液压缸动作（其动作原理详见速度换接回路）。油路中要求先夹紧后进给，工件没有夹紧则不能进给，这一严格的顺序是由压力继电器保证的。

（2）用顺序阀控制的顺序动作回路　如图 2-49 所示是采用 2 个单向顺序阀控制的顺序动作回路。其中单向顺序阀 4 控制两液压缸前进时的先后顺序，单向顺序阀 3 控制两液压缸后退时的先后顺序。当电磁换向阀左位通电时，压力油进入液压缸 1 的左腔，右腔经单向顺序阀 3 中的单向阀回油，此时由于压力较低，单向顺序阀 4 关闭，液压缸 1 的

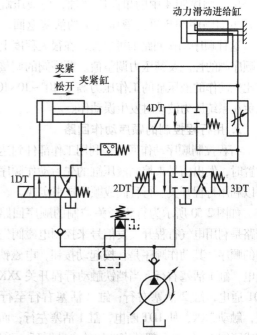

图 2-48　压力继电器控制的顺序动作回路

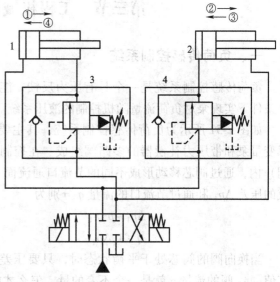

图 2-49　顺序阀控制的顺序动作回路
1、2—液压缸　3、4—单向顺序阀

活塞先动。当液压缸 1 的活塞运动至终点时，油压升高，达到单向顺序阀 4 的调定压力时，顺序阀开启，压力油进入液压缸 2 的左腔，右腔直接回油，液压缸 2 的活塞向右移动。当液压缸 2 的活塞右移达到终点后，电磁换向阀右位通电，此时压力油进入液压缸 2 的右腔，左腔经单向顺序阀 4 中的单向阀回油，使液压缸 2 的活塞向左返回，到达终点时，压力油升高打开单向顺序阀 3 再使液压缸 1 的活塞返回。

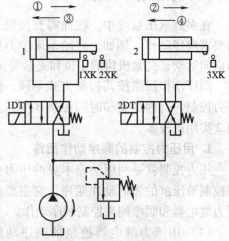

这种顺序动作回路的可靠性，在很大程度上取决于顺序阀的性能及其压力调整值。顺序阀的调整压力应比先动作的液压缸的工作压力高 $8×10^5 \sim 10×10^5$ Pa，以免在系统压力波动时发生误动作。

2. 用行程控制的顺序动作回路

行程控制顺序动作回路是利用工作部件到达一定位置时，发出信号来控制液压缸的先后动作顺序，它可以利用行程开关、行程阀或顺序缸来实现。

如图 2-50 所示为行程开关控制的顺序回路，此回路是利用电气行程开关发信号来控制电磁阀先后换向的顺序。其动作顺序是：按起动按钮，电磁铁 1DT 通电，缸 1 活塞右行；当挡铁触动行程开关 2XK，使 2DT 通电，缸 2 活塞右行；缸 2 活塞右行至行程终

图 2-50　行程开关控制的顺序回路

点，触动 3XK，使 1DT 断电，缸 1 活塞左行；而后触动 1XK，使 2DT 断电，缸 2 活塞左行。至此完成了缸 1、缸 2 全部顺序动作的自动循环。采用电气行程开关控制的顺序回路，调整行程大小和改变动作顺序都很方便，且可利用电气互锁使动作顺序更可靠。

第三节　工程机械液压调节技术

一、负荷传感控制系统

负荷传感控制系统是一个具有压力反馈，能在压力指令条件下实现泵对负荷流量随机控制的液压系统。

如图 2-51 所示为负荷传感控制系统，其主要由负荷敏感变量泵和带压力补偿器的多路阀组成。在控制阀（换向阀）内，通过阀芯移动形成不同的节流口通流面 A_k 节流形成的压差 Δp_1 和通过节流口的流量 q 分别为

$$\Delta p_1 = p - p_1$$
$$q = A_k \Delta p_1$$

当换向阀的阀芯处于平衡状态时，只要压差 Δp_1 是恒定值，A_1 阀的流量 q 就是一个不变的量。怎么才能保证 Δp 值不变呢？由于来自负载的压力 p_1 不是一个稳定的值，是时刻都在变化的，p_1 变了，如果 p 不变，那 Δp_1 势必会变。为了保证 Δp 的恒定，就出现了图 2-51 中节流口下边的比

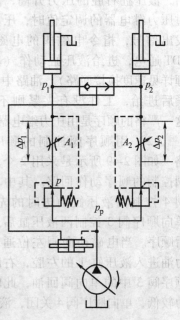

图 2-51　负荷传感控制系统

例减压阀。比例减压阀的进出油口也有一个压力差 Δp_3

$$\Delta p_3 = p_\text{p} - p$$

　　比例减压阀的控制油口来自于负载压力 p_1，当 p_1 变大时，Δp_1 会趋于变小，但这时 p_1 的压力传递给了比例减压阀的控制油口，使 Δp_3 变小。这时的 p_p 不变，p 就会变大，保证 $(p-p_1)$ 不变，即 Δp_1 不变。这时比例减压阀就补偿了 Δp_1 的变化，使 Δp_1 保持恒定，这就是压力补偿阀的功能。当然，这种补偿是在一定压力范围内的补偿，当超出一定的压力范围，系统会达到一个新的压力补偿平衡压。

二、LUDV 系统

　　压力补偿阀分为进口压力补偿和出口压力补偿，装在主阀的进口与泵之间，就是进口压力补偿阀，像力士乐的 LS 系统（M4 阀）；装在主阀的出口与负载之间，就是出口压力补偿阀。

　　如图 2-52 所示为 LUDV 系统，该系统是与负载压力无关的流量分配系统，是一个特殊形式的负荷传感控制系统。在负荷传感（LS）系统中，当泵的流量无法满足所有负载的流量时（流量不饱和），流量调节系统就会失效，为了弥补此缺点，LUDV 系统就做了一个不同的设计形式，压力补偿阀不是安装在泵和主阀之间，而是安装在主阀和执行机构的端口之间。所有相关的压力补偿阀都通过梭阀相互连接，而且用相同的压力差操纵，其中最高的负载压力适用于所有压力补偿器。当 LUDV 系统不协调时，即按要求的速度操作，所有执行机构所需流量大于泵的最大流量时，其通过所有压力补偿阀产生的压力差来实现，所有动作功能的速度均匀地减小，并能防止液压执行机构产生停滞。

　　力士乐 LUDV 系统应用已经非常普遍，在挖掘机、旋挖钻机和履带起重机上已经大量使用。力士乐各系统的特点叙述如下：

1. 开芯节流系统（图 2-53）**的优点和缺点**

（1）优点　节流调速，元件布置简单，操作可靠，经济划算，可使用定量泵或变量泵。

（2）缺点　节流调速时，受负载压力变化的影响大，有多余的压力油直接回油箱造成功率损失。

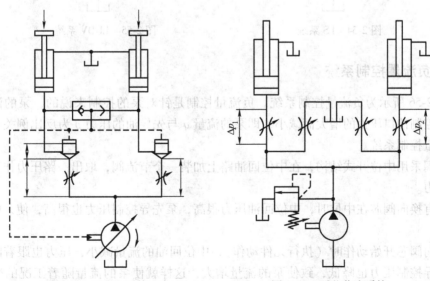

图 2-52　LUDV 系统　　　　　　　　　　图 2-53　开芯节流系统

2. LS 系统（图 2-54）**的优点和缺点**

（1）优点　当负载流量处于饱和状态时，负载传感器作用，操作可靠精准，可获得一致的控制特性。

（2）缺点　当负载所需流量大于泵提供的最大流量时，由于建立不起来相应的补偿压差，致使补偿系统失效，操控性能降低。

3. LUDV 系统（图 2-55）**的优点和缺点**

（1）优点　当负载所需流量大于泵提供的最大流量时（流量不饱和），系统将按比例降低各负载的流量，能防止液压执行机构产生停滞，保证了操作的可靠性和精准性。

（2）缺点　成本较高。

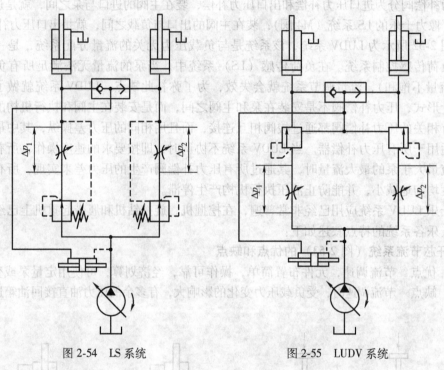

图 2-54　LS 系统　　　　　　　　　图 2-55　LUDV 系统

三、负流量控制系统

如图 2-56 所示为负流量控制系统。负流量控制是针对泵的控制来说的，泵的流量随着泵的先导控制油口压力的增大而减小，即泵的流量 q 与先导油的压力 p 为反比例关系。因而得名负流量控制系统。

换向阀采用中位开式结构，在中位回油路上加装一个节流阀，取出一路压力作为泵的先导控制压力。

当所有换向阀芯在中位时，中位回油压力很高，泵先导控制压力也很高，使泵的流量调到最小。

当换向阀芯开始动作时（执行元件动作），中位回油的流量减小，压力也跟着降低，随之泵的先导控制压力也降低，致使泵的流量增大，这样就使泵的流量随着工况的变化而变化。负流量控制系统不仅在挖掘机上大量使用，在旋挖钻机上也已经使用，如三一、宇通的旋挖钻机已经使用了负流量控制系统。

如图 2-57 所示为负流量控制比例关系。泵的先导压力与泵的流量成反比例关系。

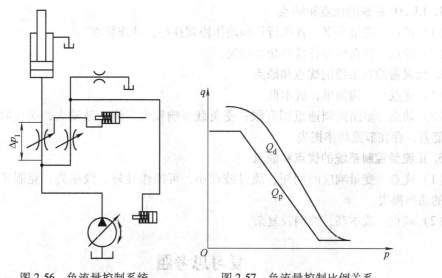

图 2-56   负流量控制系统   图 2-57   负流量控制比例关系

四、正流量控制系统

如图 2-58 所示为正流量控制系统。正流量控制是针对泵的控制来说的，泵的流量随着泵先导控制油口压力的增大而增大，即泵的流量 q 与先导油的压力 p 成正比例关系。

换向阀采用中位开芯式结构，在中位回油路上不加节流阀。由先导操作手柄发出压力信号，同时传给换向阀和主泵，在换向阀芯打开的同时，主泵的流量增大，而且主泵流量的变化与主阀芯的开度成一定的比例关系。这样就实现了变量泵的实时控制，即按需供油。

如图 2-59 所示为正流量控制比例关系，泵的先导压力与泵的流量成正比例关系。

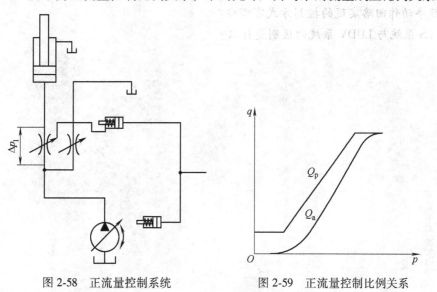

图 2-58   正流量控制系统   图 2-59   正流量控制比例关系

五、各控制系统对比

1. LUDV 系统的优点和缺点

（1）优点　流量共享，各执行机构动作协调性好，动作精准。

（2）缺点　存在压力补偿的功率损失。

2. 负流量控制系统的优点和缺点

（1）优点　结构简单，成本低。

（2）缺点　多路阀调速范围有限；受负载影响较大，流量波动大，响应时间长；可操纵性能差；存在节流功率损失。

3. 正流量控制系统的优点和缺点

（1）优点　变量响应时间短，流量波动小，可操作性好，效率高，克服了压力补偿和节流的功率损失。

（2）缺点　成本高，控制较复杂。

复习思考题

1. 简述齿轮泵存在的 3 大问题及解决措施。

2. 简述柱塞泵的结构组成。

3. 简述先导溢流阀的工作原理。

4. 试分析先导溢流阀与先导减压阀的异同点。

5. 调速阀由哪 2 个阀组成，其工作原理如何？

6. 容积调速回路的类型有哪些？

7. 试画出远程调压回路的工作原理图并分析其工作原理。

8. 双泵供油快速运动回路在工程机械上都有哪些应用？

9. 顺序动作回路实现的控制方式有哪些？

10. LS 系统与 LUDV 系统的区别是什么？

第三章

工程机械电气控制基础

第一节 概 述

一、工程机械电气系统的组成

1）工程机械电气系统由电气设备和电子控制系统组成。

2）工程机械电气系统包括蓄电池及发电机、起动系统、充电系统和各种用电设备。

3）工程机械电子控制系统包括发动机电控燃油喷射系统、电子检测与监控系统和电子智能控制系统等。

二、工程机械电气设备

1）工程机械电气设备由电源设备、用电设备和其他辅助设备组成。

2）工程机械电气设备的特点有低压、直流、单线制和负极搭铁。

三、工程机械电子控制系统

1. 工程机械电子控制系统的组成

工程机械电子控制系统由传感器、电子控制单元和执行器等组成，如图 3-1 所示。

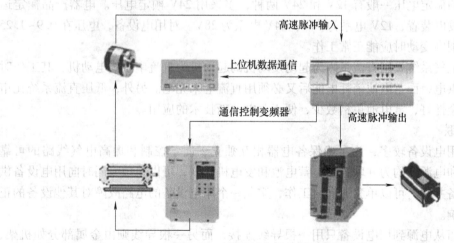

图 3-1 工程机械电子控制系统的组成

工程机械电子控制系统组成框图如图 3-2 所示。

(1) 传感器 传感器是将某种变化的物理量或化学量转化成对应的电信号的元件。

(2) 电子控制单元 电子控制单元（ECU，Electronic Control Unit）即工程机械的微机控制系统，是以单片机为核心而组成的电子控制装置，具有很强的数学运算和逻辑判断功能。

(3) 执行器 执行器是 ECU 动作命令的执行者，主要是各类机械式继电器、直流电动机、步进电动机、电磁阀或控制阀等执行器件。

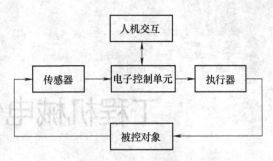

图 3-2 工程机械电子控制系统组成框图

2. 工程机械电子控制系统的分类

(1) 电子控制装置 这类装置可与车上机械部件进行配合使用，形成机电液一体化系统，直接用于控制设备运行并改善其性能。如发动机电子控制、底盘电子控制和工作装置电子控制等。

(2) 车载电子装置 是在设备工作环境下独立使用的电子装置，与设备本身的性能无直接关系，如车载 GPS、车载电话、汽车音响及多媒体等。

四、工程机械电气系统的特点

工程机械电气系统具有以下 4 个特点：

1. 两个电源

蓄电池是辅助电源，主要给起动机提供用电；发电机是主电源，提供工程机械运行时各用电设备用电并给蓄电池充电。

2. 低压直流

工程机械的额定电压一般有 12V 和 24V 两种，多采用 24V 额定电压。电器产品额定运行端电压，对发电装置，12V 电系为 14V；24V 电系为 28V。对用电设备，电压在 0.9~1.25 倍额定电压范围内变动时应能正常工作。

工程机械电气系统采用直流是因为起动发动机的起动机为直流串激式电动机，其工作时必须由蓄电池供电，而蓄电池消耗电能后又必须用直流电来充电。另外，低压直流系统比市电和工业电安全性好，蓄电池单格数少，便于蓄电池新技术的应用。

3. 单线并联

工程机械用电设备较多，为了确保各电器相互独立、便于控制和提高电气线路的可靠性，用电设备和电源间均为并联连接，蓄电池和发电机并联，可以单独或同时向用电设备供电；各用电设备并联，可以单独或同时工作，避免一个用电设备的电路故障对其他设备的正常工作造成影响。

单线制是指从电源到用电设备只用一根导线连接，而另一根导线则由金属部分如机架、发动机等代替作为电气回路的接线方式，具有节省导线、简化线路、方便安装检修、电气元件不需与机架绝缘等优点，得到了广泛采用。但对于某些电气设备，为了保证其工作可靠性，提高灵敏度，仍然采用双线制连接方式。如双线电喇叭、电控单元和传感器等。

4. 负极搭铁

工程机械电气系统采用单线制时，蓄电池的一个电极接到机架上，俗称"搭铁"。对直流电系统来说，从原理的角度，电系的正极或者负极均可作为搭铁极。若蓄电池的负极与机架相接，则称为负极搭铁；反之称为正极搭铁。按照国家标准规定，工程机械的电气系统均采用负极搭铁。目前国际上工程机械发电机都是负极搭铁，发电机是硅整流直流发电机，由三相交流发电机和三相全波整流器串联而成，二极管具有单向导电性，如果接反了（把蓄电池正极与机架搭铁相接），就会造成发电机整流二极管烧坏，严重的可能还会烧坏线束。

负极搭铁的优点包括对机架金属的化学腐蚀较轻，对无线电干扰小，统一标准，方便电器的生产、使用和维护。

另外，工程机械电路故障的 3 大特点是短路、断路和元件损坏。电路排线的 4 大特点是控火、控地、间接控制（通过继电器）和直接控制（用开关）。

第二节　工程机械电工基本知识

一、电气基础知识

1. 直流和交流

1）直流电一般用 DC 表示，电路图形符号为---。

2）交流电一般用 AC 表示，电路图形符号为～。

用万用表测试时，DC 和 AC 的档不能弄错，否则无法正确测定。

测试发动机转速传感器或车速传感器的输出电压时，注意必须要使用 AC 档。

2. 欧姆定律

（1）电压、电流和电阻的符号和单位（表 3-1）

表 3-1　电压、电流和电阻的符号和单位

参数	符号	单位（基本）	数字万用表的单位
电压	U	V	mV、V
电流	I	A	mA、A
电阻	R	Ω	Ω、kΩ、MΩ

（2）电压、电流和电阻之间的相互关系　电路中一个支路的电压、电流、电阻三者之间的关系符合欧姆定律。

（3）欧姆定律

1）电压（U）= 电流（I）×电阻（R），即 $U=IR$。

2）电流（I）= 电压（U）/电阻（R），即 $I=U/R$。

3）电阻（R）= 电压（U）/电流（I），即 $R=U/I$。

（4）功率

电功率（P）= 电压（U）×电流（I），即 $P=UI$。

3. 接线方法

电源与负荷的接线有串联与并联 2 种方法。

（1）电源的接线　车上的电源一般是串联连接，但有些大机型有 4 个电源，需用串联和并联组合连接。图 3-3 所示为电源连线方式工作原理图。

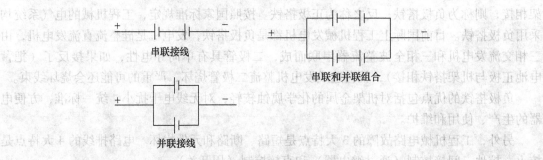

图 3-3　电源接线方式工作原理图

（2）灯的连接　车灯有前照灯、侧隙灯、尾灯和制动灯等，左右对称安装，如图 3-4 所示为灯的接线方式工作原理图，图中各灯属并联连接。如果是串联连接，则每个灯的亮度会减小，而且当一侧的灯坏掉时，另一侧的灯也不会亮。

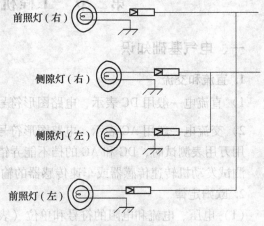

图 3-4　灯的接线方式工作原理图

二、电气回路知识

1. 电压下降

电源与电磁阀按照如图 3-5 所示的接线原理连接后，如果没有其他指定条件，一般认为电磁阀的端子电压（①、②间电压）为 24V。流经电磁阀的电流大小可用欧姆定律计算。

必须注意的是，此处没有考虑该回路上存在的配线电阻（电阻为 0Ω）。

在实际的车体配线中与回路图不同，它存在电线内的微小电阻"内部电阻"、配线上开关和接插座的电阻"接触电阻"，因此严格地讲，回路中的电阻不是 0Ω。

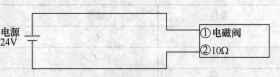

图 3-5　电源与电磁阀接线原理图

回路内部电阻引起的电压下降称为"电压下降"，电磁阀的电压比电源电压还要低。

2. 断线

一般情况下，电气导体切断称为断线。它不仅指电线，还包括电磁阀和继电器线圈等机器内部的断线。

断线后电流不通，电器停止工作，但是当电器停止工作时不一定就是没有电流经过，机器的端子电压也不一定就为 0V，理解断线处与测定处关系对故障诊断很重要。

3. 短路

短路是指电路中 2 点直接连接或用比回路部分小很多的电阻导体相接。车体配线易发生的短路多数是因导线破损而与其他电线或端子接触，或因导电异物而使 2 点直接相接。

短路时流经的电流叫短路电流，发生短路时，电线会过热，甚至引起燃烧，还可能发生短路处因电流泄漏而引起机械装置的错误动作。因此，通常用保险丝保护回路，以防事故发生。

短路被认为是一种故障，但有时候根据需要也会人为地制造短路。

4. 接地短路

接地短路是指电线与车体间的异物直接连接。从现象上看也可叫作电线与车体的短路，但它与一般的短路不同，与车体间的接触叫接地短路，其电流叫接地短路电流。

接地短路是电线杆上的输电线断后垂下并接触地面，但相对车辆上的配线而言，车体相当于地面，因此车体与配线的短路也叫接地短路。

机械工作时由于振动，电线与车体摩擦使绝缘包皮变薄、磨破或出现裂痕，导线外落与车体接触，从而发生接地短路。

易发生接地短路的地方是电线弯曲而与车体接触处或夹头附近。有的复合板角也容易与电线包皮摩擦而使其损伤，需要注意。

发生接地短路时的现象是控制信号线接地短路后失去控制机能，控制器可能发生故障。另外，电源线接地短路后，产生强大的接地短路电流，可能烧坏电线。

为防止接地短路引发的大故障，要在电气用品线路上安装熔丝，重要的控制回路上安装过电流保护器，配线本身也要采用电线保护材料（导线管、螺旋管等），以防止接地短路的发生。

接地短路发生后要寻找短路处时，通常由于破损绝缘包线在里面不易看到，因此要用线路万用表仔细探测。如果发生接地短路，一定要认真修复，否则容易引起重大故障。

5. 接地

接地是把车体作为电气回路的一部分，把电气机器一侧的配线连接在车体上。电源负极端连接车体的负极接地方式较多。

为了防止电气器具漏电引起触电，把器具与大地相接称为接地，对车辆上的设备配线而言，车体相当于大地，因此与车体相接也叫接地。车辆接地的目的不是防触电，而是为了配线简单化，以及减小电气噪声。

6. 线路保护

线路中发生短路、接地短路时，短路电流可能会损坏装置和零部件，烧坏配线，为了防止这类事故发生，通常采用线路保护手段。

例如，不让超过定额电流流过的电流限制机能，还有当短路电流产生后，对重要部分切断电流的保护机能，而最简单的方法是在线路上加熔断器，熔断器在线路图上的文字符号为FU，其类型如图 3-6 所示。

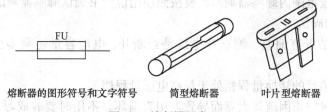

熔断器的图形符号和文字符号　　　筒型熔断器　　　叶片型熔断器

图 3-6　熔断器的类型

三、万用表的知识

万用表是诊断机电液系统电气故障的重要工具，必须掌握其正确的使用方法，并熟练应用。

例如：当万用表显示的电阻值为0Ω时，要正确判断系统中的回路是断线还是短路；当电阻值为无限大时，是连接还是断开。

1. 数字万用表

（1）测试前的确认

1）打开电源开关时，确认小数点、单位的显示是否齐全。

2）内置干电池剩余容量太少时，会出现警告显示。各种万用表的显示方法不同，事先要认真阅读使用说明书。

3）要确认电阻测试范围，其显示是0和无限大。

测试棒短路时，如果误差小于1Ω，是正常的。电阻显示无限大说明已超过测试范围。

（2）测试时的确认

1）确认测试项目及范围。要特别注意不要用电阻范围、电流范围测试电压，避免万用表损坏。

2）注意小数点和单位以防漏读及误读。

3）测试电阻时，不要手持测试棒的金属部分。

4）在导通检查范围内蜂鸣器响时，要按照使用说明书确认蜂鸣器响的范围。

（3）测试后的确认

1）确认电源开关处于关闭状态，测试棒电线为断开状态，电池剩余容量满足要求，确认完毕后收起来。

2）确认测试项目的转换范围处于最高电压范围。防止测试开始时由于疏忽损坏万用表。不用时要养成习惯，放置于电压的最高范围或OFF范围。

2. 模拟万用表

（1）测试前的确认　确认表本身和电阻范围调整至0。

（2）测试时的确认

1）确认测试项目及量程。避免用电阻档、电流档测试电压而导致万用表损坏。

2）注意刻度起始方向和倍率设定。

3）测试电阻时，不要手持测试棒的金属部分。

测试高电阻（大于几十kΩ）时，同时用两手接触红（+）、黑（-）的金属部分会产生测试误差，因此要注意。

4）在导通检查范围内蜂鸣器响时，要按照使用说明书确认蜂鸣器响的范围。

（3）测试后的确认

1）确认指针是否有偏差、测试棒电线是否断开、电池容量还剩多少，确认完毕后收起来。

2）确认测试项目的转换量程档处于最高电压量程档。

3）测试开始时防止因疏忽大意而导致万用表损坏。不用时要养成习惯，将测试项目的转换到电压最高量程档或OFF位置。

第三节 工程机械常用元件

一、导线

工程机械电气线束常用的导线种类有日标（AVSS）、国标（QVR）、德标（FLRY）、美标（AWG）等几大系列。日标导线的绝缘皮薄，柔韧性较好；国标导线的绝缘皮厚，比较柔软，延展性好；德标导线的绝缘皮更薄，柔韧性好；美标导线的绝缘皮一般为热塑性或热固性弹性体，还有经过辐照工艺加工的。可根据用户的需求和不同的工作环境选取适当类型的导线。本书主要介绍国标导线。

按照使用电压不同导线可分为高压导线和低压导线两种。

高压导线的主要性能指标是绝缘性能，其耐电压应不低于 15kV。高压导线的型号有 QGV（铜芯聚氯乙烯绝缘高压点火电线）、QGXV（铜芯天然丁苯绝缘聚氯乙烯护套高压点火电线）、QGX（铜芯橡皮绝缘聚氯乙烯护套高压点火电线）及 QG（全塑料高压阻尼点火电线）等数种。前三种的芯线规格均为 $7 \times \phi 0.39$mm，最后 1 种导线为单根 $\phi 2.3$mm 的石墨芯线。

普通低压导线根据外皮绝缘层的材料不同又分为 QVR 型（铜芯聚氯乙烯为绝缘层）和 QFR 型（铜芯聚氯乙烯—丁腈复合物为绝缘层）两种。根据用途，低压导线又有普通导线、起动电缆和搭铁电缆之分。芯线结构均为多股小直径铜线绞合而成，标称截面积有 $0.5 \sim 50$mm^2 不等，规格繁多。工程机械采用柴油发动机为动力源，不需要点火系统，因此工程机械用导线均为低压导线。

1. 国标电缆型号

国家机械行业标准 JB/T 8139—1999 对低压电缆（电线）作出了规定。国标电缆型号见表 3-2。

表 3-2 国标电缆型号

名称	型号	特性	工作温度/℃
铜芯聚氯乙烯绝缘低压电线	QVR	普通型	-40~80
铜芯耐热 105℃聚氯乙烯绝缘低压电线	QVR-105	良好的耐热性能	-40~105
铜芯聚氯乙烯绝缘聚氯乙烯护套低压电线	QVVR	—	
铜芯聚氯乙烯—丁腈复合物绝缘低压电缆	QFR	—	-40~70

低压电缆根据工作环境可分为 70℃电缆、105℃电缆和 115℃电缆 3 种。

70℃的 PVC 电缆主要用于驾驶舱（如驾驶室、操纵室）各类电器；105℃的电缆主要用于各类较高温度区域的电器布线、外套波纹管和外缠高温绝缘胶带；115℃的电缆一般用于发动机周边电器的线路。

2. 普通低压导线

（1）导线结构与标称截面积　普通低压导线为带绝缘层的铜质多芯软线。低压导线的截面积主要根据用电设备的工作电流选择，但对于功率很小的电器，仅以工作电流的大小选择导线，其截面积过小，机械强度差，因此，工程机械电气系统中所用导线的截面积不得小于 $0.5mm^2$。工程机械电气系统用低压导线标称截面积所允许的负载电流见表3-3。

表3-3　低压导线标称截面积所允许的负载电流

导线标称截面积/mm²	1.0	1.5	2.5	3.0	4.0	6.0	10	13
允许电流值/A	11	14	20	22	25	35	50	60

导线标称截面积是根据规定换算方法得到的截面积值，它既不是线芯的几何面积，也不是各股铜线的几何面积之和。铜芯聚氯乙烯绝缘低压电线（QVR型）结构如图3-7所示，其具体结构参数见表3-4。

绞合软铜导体　　聚氯乙烯绝缘

图3-7　铜芯聚氯乙烯绝缘低压
电线（QVR型）结构

表3-4　QVR型电线结构参数

标称截面积/mm²	导体结构		标称绝缘厚度/mm	电线最大外径/mm
	根数	直径/mm		
0.2	12	0.15	0.3	1.3
0.3	16	0.15	0.3	1.4
0.4	23	0.15	0.3	1.6
0.5	16	0.20	0.6	2.4
0.75	24	0.20	0.6	2.6
1.0	32	0.20	0.6	2.8
1.5	30	0.25	0.6	3.1
2.5	49	0.25	0.7	3.7
4.0	56	0.30	0.8	4.5
6.0	84	0.30	0.8	5.1
10.0	84	0.40	1.0	6.7
16.0	126	0.40	1.0	8.5
25.0	196	0.40	1.3	10.6
35.0	276	0.40	1.3	11.8
50.0	396	0.40	1.5	13.7
70.0	360	0.50	1.6	15.7
95.0	475	0.50	1.6	18.2

（2）导线的颜色　为便于区分，工程机械上导线绝缘层采用不同的颜色，在电路图上多以字母（主要是英文字母）来表示导线绝缘层的颜色及条纹的颜色，其中截面积在 $4mm^2$

以上的导线采用单色导线，单色导线颜色和代号见表 3-5。一般用一个字母表示，若用两个字母表示，则第一个字母大写，第二个字母小写。

表 3-5　单色导线颜色和代号

导线颜色	黑	白	红	绿	黄	棕	蓝	灰	紫	橙
代号	B	W	R	G	Y	Br	Bl	Gr	V	O

绝缘层上有两种颜色的导线称为双色导线，而截面积在 $4mm^2$ 以下的导线采用双色线。双色线的主色所占比例大些，辅助色所占比例小些。辅助色条纹与主色条纹沿圆周表面的比例为 1∶5~1∶3。双色线的标注中第一色为主色，第二色为辅助色，例如 1.5Y 表示其标称截面积为 $1.5mm^2$，单色（黄色），而 1.0GY 表示标称截面积为 $1.0mm^2$，双色导线，主色为绿色，辅色为黄色。双色导线颜色代号的选择应符合表 3-6 的规定，按照从 1 到 5 的顺序，优先选择靠前的系列。

表 3-6　双色导线颜色的选择

选择程序	1	2	3	4	5
导线颜色	B	BW	BY	BR	—
	W	WR	WB	WBl	WY
	R	RW	RB	RY	RG
	G	GW	GR	GB	—
	Y	YR	YB	YG	WY
	Br	BrW	BrR	BrY	BrB
	Bl	BlW	BlR	BlY	BlB
	Gr	GrR	GrY	GrBl	GrB

工程机械电气系统中，各系统导线的主色的规定见表 3-7。

表 3-7　工程机械电气各系统导线主色的规定

序号	系统名称	导线主色	代号
1	电源系统	红	R
2	点火和起动系统	白	W
3	前照灯、雾灯及外部灯光照明系统	蓝	Bl
4	灯光信号，包括转向指示灯	绿	G
5	内部照明系统	黄	Y
6	仪表及报警指示和喇叭系统	棕	Br
7	收音机、电子钟、点烟器等辅助系统	紫	V
8	各种辅助电动机及电气操作系统	灰	Gr
9	电气装置搭铁线	黑	B

3. 起动电缆

如图 3-8 所示，起动电缆为带绝缘层的大截面铜质或铝质多丝软线。用来连接蓄电池与起动机开关的主接线柱，截面积有 25mm²、35mm²、50mm²和70mm²等多种规格，允许电流达 500~1000A。为了保证起动机功率的发挥，要求在线路上每100A的电流所产生的电压降不超过 0.1~0.15V。当工程机械蓄电池故障需要外接其他蓄电池起动时，连接用的起动电缆不得超过 5m，否则会因为电压降过大而无法正常起动。

4. 搭铁电缆

如图 3-9 所示，搭铁电缆常用于蓄电池与机架、机架与机身、发动机与机架等总成之间的连接。蓄电池的搭铁电缆有 2 种，一种外形同起动电缆，覆有绝缘层，另一种则是由铜丝编织成的扁形软导线，不带绝缘层。

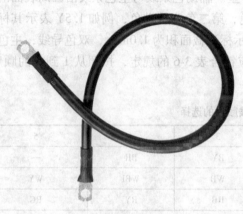

图 3-8　起动电缆　　　　　　　　　　　图 3-9　搭铁电缆

二、线束

为了使整机繁多的导线规整、方便安装及保护导线的绝缘层不被损坏，一般都将电路中各低压导线（除蓄电池电缆外）用棉纱编织或用聚氯乙烯塑料带包扎成束，称为线束，如图 3-10所示。近年来国外工程机械为了检修导线方便，将导线包裹在用塑料制成开口的软管中，检修时将开口撬开即可。

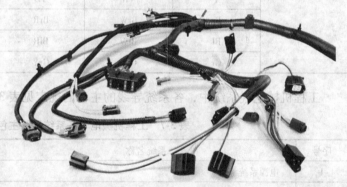

图 3-10　线束

三、插接器

插接器是工程机械电气系统中不可缺少的元件，因连接可靠、检修方便而在工程机械上广泛使用。为了防止行驶或作业过程中插接器脱开，所有插接器均采用闭锁装置。插接器大致可以分为四类：第一类连接线束和电气元件，第二类是线束与线束之间的连接，第三类连接线束与机架，第四类是过渡连接器，将连接器中需要连接的导线用短接端子连接起来。

插接器的符号和实物如图 3-11 所示。符号涂黑的表示插头，白色的表示插座，带有倒角的表示针式插头。

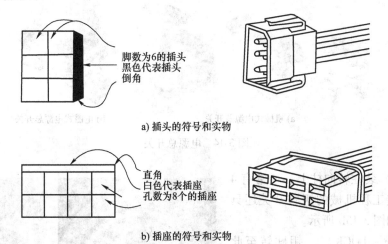

脚数为6的插头
黑色代表插头
倒角

a) 插头的符号和实物

直角
白色代表插座
孔数为8个的插座

b) 插座的符号和实物

图 3-11　插接器的符号和实物

　　插接器连接时，应先将其导向槽重叠在一起，使插头和插孔对准且稍用力插入，这样就可以十分牢固地连接在一起。插接器的连接方法如图 3-12 所示。

　　当要拆下插接器时，正确的方法是先压下闭锁，再把插接器拉开，不允许在未解除闭锁的情况下用力猛拉导线，以防止拉坏闭锁或导线。插接器的拆卸方法如图 3-13 所示。

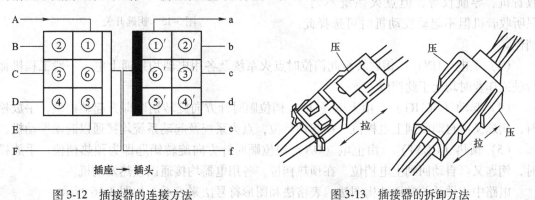

图 3-12　插接器的连接方法　　　　　　图 3-13　插接器的拆卸方法

四、开关

　　开关是用来控制工程机械电路中各种用电设备的电器装置，一般安装在驾驶人容易操作的范围。按操作方式可分为手操纵式和脚踏式两种；按其结构原理可分为机械开关和电磁开关两种；按其用途可分为电源总开关、钥匙开关以及组合开关等。

1. 电源总开关

　　电源总开关一般安装在蓄电池箱附近，用于接通或切断蓄电池电路，其形式有机械式电源总开关（图 3-14a）和电磁式电源总开关（图 3-14b）两种，前者为手动开关，后者为自动开关。目前，电磁式电源总开关在工程机械中广泛使用。

2. 钥匙开关

　　钥匙开关用来接通起动机控制电路并且控制整机的用电器工作。工程机械的钥匙开

a) 机械式电源总开关   b) 电磁式电源总开关

图 3-14   电源总开关

关（图 3-15a）装在转向柱上，通常有 4 个档位。有些工程机械的钥匙开关还具有预热档，如图 3-15b 所示。

（1）锁止（LOCK）   钥匙转至此档位时才能拔出，且锁住转向盘，以防在无钥匙的情况下被移动或开走，同时整机电路断电。

（2）附件（ACC）   钥匙转至此档位时，附属电器的电路接通，如点烟器、收音机、导航仪等，但点火系统不通。只听收音机但不起动发动机时可选择此档位。

a) 无预热档   b) 有预热档

图 3-15   钥匙开关

（3）上电（ON）   钥匙转至此档位时点火系统及各用电器均接通上电，一般工程机械行驶或作业时均处于此档位。

（4）起动（START）   由上电（ON）档位顺时针方向旋转钥匙即为起动档位，手放松时，钥匙又可自动回到上电档位。在起动档位，点火系统及起动系统均接通以起动发动机。

（5）预热（HEAT）   由上电（ON）档位顺时针方向旋转钥匙即为预热档位，手放松时，钥匙又可自动回到上电档位。在预热档位，各用电器均接通以预热发动机。

电路中钥匙开关常用结构图法、表格法和图形符号法来表示，如图 3-16 所示。

3. 组合开关

为了保证行驶安全、操作方便，在工程机械电气系统整体结构设计中，多将转向开关、危险报警开关、示廓灯、前照灯开关、变光开关、刮水器开关、洗涤器开关和喇叭开关等组装在一起，称为组合开关，如图 3-17 所示。

五、电路保护装置

工程机械电路保护装置用于线路或电气设备发生短路或过载时自动切断电路，保证电气设备及线路的安全。常用的电路保护装置有熔丝、易熔线及断路器。

1. 熔丝

工程机械用熔丝额定电流较小，常用于局部电路的保护，熔丝材料是锌、锡、铅等金属的合金。普通熔丝属于一次性保护装置，只要流经电路的电流过大，熔丝就会熔断以形成断

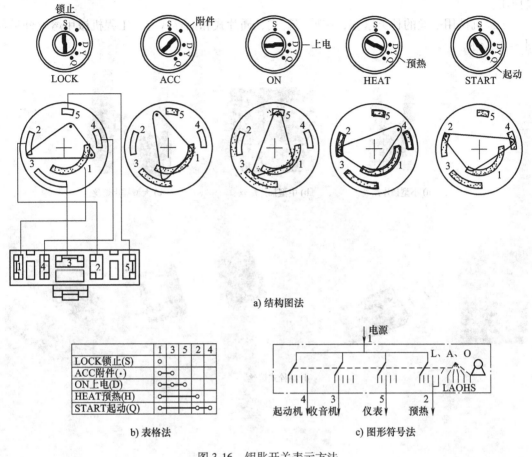

a) 结构图法

	1	3	5	2	4
LOCK锁止(S)	○				
ACC附件(·)	○	○			
ON上电(D)	○	○	○		
HEAT预热(H)	○	○		○	
START起动(Q)	○		○	○	

b) 表格法

c) 图形符号法

图 3-16 钥匙开关表示方法

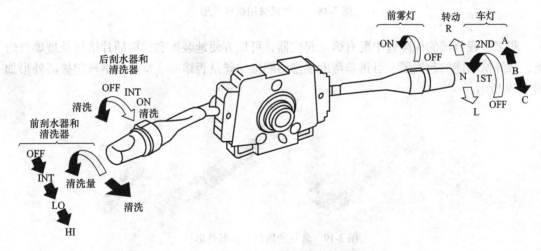

图 3-17 车灯与刮水器组合开关

路,从而避免用电器因电流过大而发生损坏,每次熔断后熔断器都需要更换。在高档工程机械上已经开始使用一种自复式熔丝,这种熔丝价格是普通一次性熔丝的一两百倍,但可以重复使用。

工程机械用熔丝的种类繁多，有玻璃管式、插片式和插栓式等，工程机械用熔丝外形如图 3-18 所示。

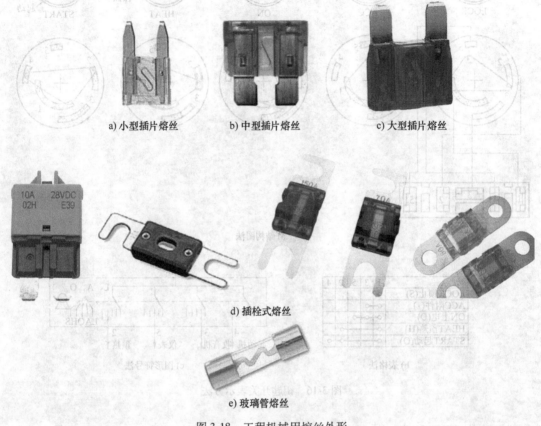

a) 小型插片熔丝　　　b) 中型插片熔丝　　　c) 大型插片熔丝

d) 插栓式熔丝

e) 玻璃管熔丝

图 3-18　工程机械用熔丝外形

很多工程机械的保险盒中配有熔丝起拔器，可以方便地装配和拔取插片熔丝及玻璃管熔丝；带测试功能的起拔器，可迅速帮助维修站测试熔丝是否熔断。常见的熔丝起拔器外形如图 3-19 所示。

图 3-19　常见的熔丝起拔器外形

2. 易熔线

易熔线是为在过大的电流流过时熔化并断开电路而设计的导线，是一种大容量的熔断器。其截面积小于被保护导线的截面积，可长时间通过额定电流。易熔线常用于保护电源电路和大电流电路, 当电流超过易熔线额定电流数倍时, 易熔线首先熔断, 以确保线路或电气设备免遭损坏。易熔线的多股绞合线外面包有聚乙烯护套, 比常见导线柔软, 一般长度为50~200mm, 通过连接件接入电路, 易熔线的电路符号和外形如图3-20所示。

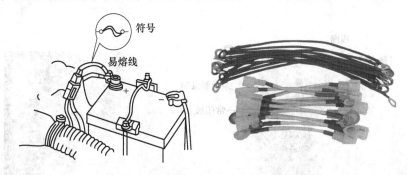

图 3-20　易熔线的电路符号和外形

3. 断路器

断路器是当电流负荷超过用电设备额定容量时将电路断开的一种可重复使用的电路保护装置, 工程机械用断路器外形如图3-21所示。

六、继电器

继电器用来控制电路的接通与切断, 是一种利用小电流来控制大电流电路的电磁开关。继电器由铁心、衔铁、电磁线圈、回位弹簧和触点(活动触点、常开触点、常闭触点)组成。当电磁线圈通电时, 由铁心和电磁线圈组成的电磁铁产生磁场, 吸引衔铁动作, 使常闭触点断开、常开触点闭合。

一般继电器的原理图都会印刷在继电器外壳上, 如图3-22所示, 当85和86端子间的继电器线圈得电时, 30与87a端子间的常闭触点断开, 30与87端子间的常开触点闭合。

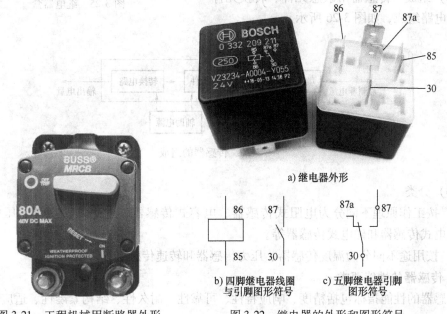

图 3-21　工程机械用断路器外形　　图 3-22　继电器的外形和图形符号

按照继电器的插脚个数，可以把继电器分为四脚继电器和五脚继电器，其中五脚继电器既包含常开触点又包含常闭触点（图3-23），而四脚继电器只有一对常开触点或常闭触点。在很多工程机械电路中只能用到继电器的常开触点，此时就可以选用如图3-24所示的四脚继电器。

线圈
常开触点87
动触点30
常闭触点87a

图3-23　五脚继电器内部结构

图3-24　四脚继电器

为了维修方便，工程机械上继电器集中安放在仪表板下的继电器盒内，继电器盒如图3-25所示。

七、传感器

1. 基本概念

（1）定义　传感器是一种将被检测信息的物理量或化学量转换成电信号而输出的功能器件，传感信息的取得是测试系统的重要环节。

（2）组成　传感器由敏感元件、转换元件和转换电路组成，如图3-26所示。

图3-25　继电器盒

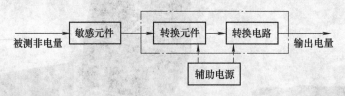

图3-26　传感器的组成

（3）分类

1）按工作原理不同分为电阻式传感器、电容式传感器、电感式传感器、压电式传感器、光电式传感器和磁电式传感器等。

2）按用途不同分为温度传感器、压力传感器和转速传感器等。

2. 传感器的性能要求

传感器的性能指标包括精度、响应特性、可靠性、耐久性、结构紧凑性、适应性、输出电平和制造成本等。

现代工程机械电子控制系统对传感器的性能要求有以下几点：

1）较好的环境适应性。

2）较高的可靠性。

3）再现性好。

4）具有批量生产的通用性。

5）传感器数量不受限制。

6）其他要求。

3. 传感器的未来发展

现代工程机械电子化趋势推动了传感器技术的发展，未来的车用传感器技术总的发展趋势是多功能化、集成化和智能化。

1）多功能化是指一个传感器能检测两个或两个以上的特性参数。

2）集成化是指利用 IC 制造技术和精细化加工技术制作 IC 式传感器。

3）智能化是指传感器与大规模集成电路结合，带有 MPU，具有智能作用，包括采用总线接口输出，具有线性和温度补偿等特点。

4. 变阻式传感器

将被检测的物理量如温度、压力和液位深度等转化为自身电阻的变化而输出的一种传感器。变阻式传感器在工作时没有能量输出，仅随着输入被测参数的变化而改变传感器的电阻值，因此必须外加电源才能有能量输出，如图 3-27 所示。

（1）热电阻式温度传感器 热电阻是利用导体电阻随温度变化这一特性来测量温度的，纯金属具有正的温度系数，常用的有铜、铂、铁和镍等热电阻材料，其优点是电阻温度系数大、测量灵敏度高。热电阻式温度传感器如图 3-28 所示。

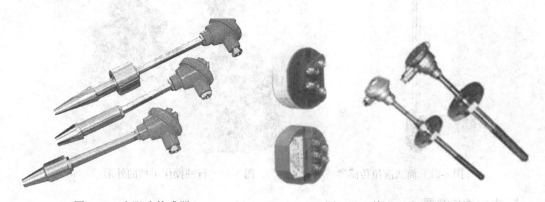

图 3-27 变阻式传感器　　　　　图 3-28 热电阻式温度传感器

（2）热敏电阻式温度传感器 热敏电阻式温度传感器分为负温度系数热敏电阻传感器（NTC）、临界负温度系数热敏电阻传感器（CTR）、正温度系数热敏电阻传感器（PTC），热敏电阻式温度传感器如图 3-29 所示。

（3）压力传感器

1）分类。发动机进气压力传感器、机油压力传感器，液压系统压力传感器。

2）应用。常用于对发动机进气（负压）、机油压力进行检测和报警，机油压力传感器

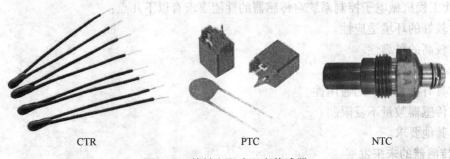

CTR   PTC   NTC

图 3-29　热敏电阻式温度传感器

如图 3-30 所示。

（4）燃油液位传感器　常用于对燃油和液压油液位进行检测，有开关量、模拟量输出的浮子和筒式 3 种类型，其中筒式液位传感器根据其长度不同电阻也有所不同，其工作原理图如图 3-31 所示。

（5）行驶操作手柄　将手柄的转角物理量转换为电阻的变化，在工程机械控制系统中，常用于行走速度或转向角度等参数的设定。如图 3-32 所示为行驶操作手柄的外形。

图 3-30　机油压力传感器

图 3-31　筒式液位传感器　　　　图 3-32　行驶操作手柄的外形

5. 电磁式传感器

电磁式传感器是根据电磁感应原理将磁信号转化成为电信号输出的传感器。

（1）电磁式转速传感器

1）转速的基本概念　在工程机械上，转速用于表示发动机曲柄、车轮或液压马达主轴在单位时间内所旋转的圈数，单位为转/分（r/min）。其计算公式为

$$n = \frac{60f}{z}$$

式中　n——转速（r/min）；

f——脉冲频率（Hz）；

z——飞轮齿数。

2）电磁式转速传感器的结构（图3-33）

（2）电磁式接近开关

1）接近开关的基本结构及特点。一般情况下，接近开关主要由3部分构成，即发送器、接收器和检测电路。检测电路主要由感测线圈、振荡电路、振幅检测电路和输出电路组成，如图3-34所示。其特点是动作可靠，性能稳定，频率响应快，应用寿命长。

2）接近开关的类型及应用。接近开关的主要类型有电容式、电感式、霍尔式和红外线感测式等，主要用于对运动部件的位置检测和限位保护、计数、定位控制和自动保护环节。接近开关的外形如图3-35所示。

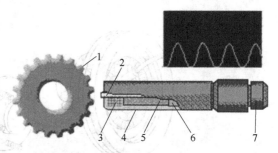

图3-33　电磁式转速传感器的结构
1—测量齿轮　2—软铁　3—线圈　4—外壳
5—永磁铁　6—填料　7—插座

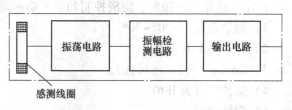

图3-34　接近开关检测电路的组成

6. 霍尔式传感器

霍尔式传感器是一种应用比较广泛的半导体磁电传感器，其工作原理是基于霍尔效应原理（图3-36）

$$U = \frac{KIB}{d}$$

式中　K——霍尔系数；

I——薄片中通过的电流；

B——外加磁场（洛伦兹力）的磁感应强度；

d——薄片的厚度。

图3-35　接近开关的外形

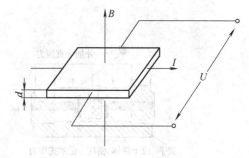

图3-36　霍尔效应原理

（1）霍尔转速传感器　霍尔转速传感器的结构特点是耐高温、可靠性高、其输出电压不受转速的影响、抗干扰能力强，但价格昂贵，如图3-37所示为安装在车轮和液压马达上的转速传感器。

（2）倾角传感器　倾角传感器是将水平倾角转化为电信号而输出的传感器，其输出方

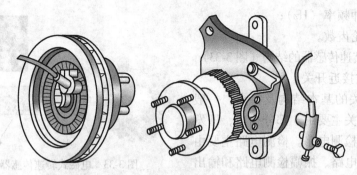

图 3-37 安装在车轮和液压马达上的转速传感器

式有模拟量和总线输出 2 种，如图 3-38 所示。

应用于压路机防倾翻、防滑控制和泵车防倾翻控制。

1）测量范围为 $-30° \sim 30°$。

2）$4 \sim 20\text{mA}$ 电流输出。

3）CAN 总线接口（可选）。

4）防护等级为 IP67。

5）双轴输出。

（3）压力传感器　霍尔式压力传感器用于电子压力检测、诊断和限制保护。如图 3-39 所示为 DSR500/20 型霍尔式压力传感器原理图及输出特性曲线。

1）测量范围：$0 \sim 500\text{bar}^{\ominus}$。

2）过载压力：900bar。

3）工作电压：$9 \sim 32\text{V}$。

4）输出电压：$1 \sim 5\text{V}$。

5）负载电阻：大于 $2\text{k}\Omega$。

6）防护等级：IP67。

图 3-38　倾角传感器

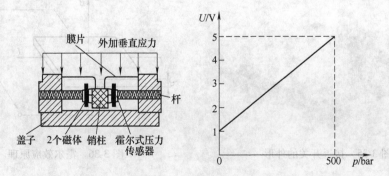

图 3-39　DSR500/20 型霍尔式压力传感器原理图及输出特性曲线

───

　　$\ominus$　bar 为非法定压力计量单位"巴"的符号，与帕（Pa）的换算关系为 $1\text{bar} = 10^5\text{Pa}$。——编者注

（4）角度传感器

1）霍尔式角度传感器用于角度和位移的测量，如图 3-40 所示为 WS1T90/10 型霍尔式角度传感器外形图及输出特性曲线。

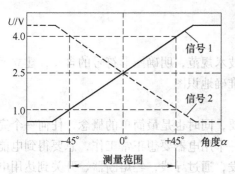

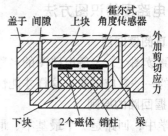

图 3-40　WS1T90/10 型霍尔式角度传感器外形图及输出特性曲线

2）测量范围：-45°~45°。

3）电压输出：0.5~4.5V。

4）工作电压：5V±0.25V。

5）防护等级：IP66。

第四节　工程机械电路图的读法

根据国家颁布的有关技术标准，用图形符号、文字符号，以统一规定的方法把电路画在图纸上的图为电路图。它是电气技术中使用最广泛的一种重要的电路简图，具有电路清晰、简单明了、便于理解电路原理的特点。工程机械电路图是用电气图形符号，按工作顺序或功能布局绘制，详细表示电路的全部组成和连接关系，不考虑实际位置的简图。

由于电路图描述的连接关系仅是功能关系，而不是实际的连接导线，因此电路图不能代替布线图。由于各厂家工程机械电路图的绘制方法、符号标注、文字标注和技术标准的不同，电路图的画法有很大差异，这就给读图带来许多麻烦，因此，掌握电路图识读的基本方法显得十分重要。

一、电路图的功能

1）便于详细理解表达对象的线路布置。

2）为检测、寻找故障和排除故障提供信息。

3）为绘制接线图提供依据。

二、电路图的特点

1）对电路有完整的概念。它既是一幅完整的电路图，又是一幅互相联系的局部电路图，重点、难点突出，繁简适当。

2）尽可能减少导线的曲折与交叉。调整位置、合理布局、图面简洁清晰、图形符号照顾元件外形和内部结构，便于联想分析，易读、易画。

3）电路系统的相互关联关系清楚。其缺点是图形符号不规范，不利于交流。

三、电路图的识图方法

1. 认真阅读图注

认真阅读图注，了解电路图的名称、技术规范，明确图形符号的含义，建立元器件和图形符号间的一一对应关系，这样才能快速准确地识图。

2. 掌握回路的原则

在电学中，回路是一个最基本、最重要，同时也是最简单的概念，任何一个完整的电路都由电源、用电器、开关和导线等组成。一个用电器要想正常工作，总要得到电能。对于直流电路而言，电流总是要从电源的正极出发，通过导线，经熔断器、开关到达用电器，再经过导线（或搭铁）回到同一电源的负极，在这一过程有一个环节出现错误，此电路就不会正确、有效。

3. 熟悉开关作用

开关是控制电路通断的关键，电路中主要的开关往往汇集许多导线，读图时应注意与开关有关的5个问题：

1）在开关的许多接线柱中，注意哪些是接直通电源的？哪些是接用电器的？接线柱旁是否有接线符号？这些符号是否常用？

2）开关共有几个档位？在每个档位中，哪些接线柱通电？哪些断电？

3）蓄电池或发电机电流是通过什么路径到达这个开关的？中间是否经过别的开关和熔断器？这个开关是手动的还是电控的？

4）各个开关分别控制哪个用电器？被控制的用电器的作用和功能是什么？

5）在被控制的用电器中，哪些电器处于常通状态？哪些电路处于短暂接通状态？哪些应先接通？

4. 了解电路图的一般规律

1）标准画法的电路图，开关的触点位于零位或静态，即开关处于断开状态或继电器线圈处于不通电状态。

2）汽车电路是单线制，各电器相互并联，继电器和开关串联在电路中。

3）大部分用电设备都经过熔断器，受熔断器的保护。

4）把整车电路按功能及工作原理划分成若干独立的电路系统，这样可解决整车电路庞大复杂、分析起来困难的问题。现在整车电路一般都按各个电路系统来绘制，如电源系、起动系、点火系、照明系和信号系等，这些单元电路都有它们自身的特点，抓住特点把各个单元电路的结构、原理掌握了，理解整车电路也就容易了。注意哪些应单独工作，哪些应同时工作，哪些电器允许同时接通。

5. 识图的一般方法

1）先看全图，把单独的系统列出来。一般来讲，各电器系统的电源和电源总开关是公共的，任何一个系统都应该是一个完整的电路，都应遵循回路原则。

2）分析各系统的工作过程和相互间的联系。在分析某个电器系统之前，要清楚该电器系统所包含各部件的功能、作用和技术参数等。在分析过程中应特别注意开关、继电器触点的工作状态，大多数电器系统都是通过开关、继电器不同的工作状态来改变回路，实现不同功能的。

3）通过对典型电路的分析，达到触类旁通。许多电路原理图，很多部分都是类似或相近的，通过一个具体的例子，举一反三，便可以掌握一些共同的规律，再以这些共性为指导，理解其他的电路原理，又可以发现更多的共性以及各种车型之间的差异。

四、读图要点

1）牢记电路符号及各电路元件功能。
2）电路中的符号表示下面的状态：
① 电源断开状态。
② 控制器或电路停止状态（常态）。
③ 手离开状态。
④ 复位状态。
3）原则上红色接头为电源来电侧。

五、信号序号

工程机械的线数较多，如果一根一根线地画电路图，电路图会又大又复杂，不易判断，因此可以用一根线代替多根线。

在这样的线路图中，在电线的末端标记有信号序号，用来区别确认。

信号序号是各个信号的固有代号，不同信号的序号不同，即使同一个信号，在某些场合下也可能会变化，这点要引起重视！

六、电气线路的符号

电路图是利用图形符号和文字符号表示电路构成、连接关系和工作原理，而不考虑其实际安装位置的一种简图。为了使电路图具有通用性，便于进行技术交流，构成电路图的图形符号和文字符号不是随意的，它有统一的国家标准和国际标准。要看懂电路图，必须了解图形符号和文字符号的含义、标注原则和使用方法。

电气符号有图形符号与文字符号两种，如果不懂符号的意义，就看不懂电气线路图，也就无法理解控制系统，进而没法进行故障的诊断，当然难以完成技术服务工作。

1. 一般常用电气图形符号（表3-8）

表3-8　一般常用电气图形符号

序号	图形符号	说　明	序号	图形符号	说　明
1		接地一般符号 注:如表示接地的状况或作用不够明显,可补充说明	5	形式1　　形式2	导线的连接
2		导线、电线、电路、总线一般符号 注:如需标注导线截面,在横线上面注出	6		导线的不连接(跨越)
3	●	导线的连接	7		插头和插座
4	○	端子 注:必要时圆圈可画成圆黑点	8	1 2 3	多线插头和插座(示出带三个极)
			9	+	正极
			10	−	负极

2. 无源元件、半导体管和电子管符号（表3-9）

表3-9　无源元件、半导体管和电子管符号

序号	图形符号	说　明	序号	图形符号	说　明
1		电阻器,一般符号 注:如需标注阻值和功率,在其旁边注出	5		线圈、绕组,一般符号
2		可调电阻器	6		半导体二极管,一般符号
3		带滑动触点的电阻器	7		发光二极管,一般符号
4		电容器,一般符号 注:如需标注电容和功率,在其旁边注出	8		PNP 晶体管
			9		NPN 晶体管

3. 电能的发生和转换符号（表3-10）

表3-10　电能的发生和转换符号

序号	图形符号	说　明	序号	图形符号	说　明
1	 Ⓖ	直流发电机	4	 Ⓜ 3~	三相交流电动机
2	 Ⓜ	直流电动机	5	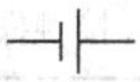 ⊣⊢	蓄电池 注:长线代表正极,短线代表负极,为了强调短线可画粗些
3	 Ⓖ 3~	三相交流发电机			

4. 开关控制和保护装置符号（表3-11）

表3-11　开关控制和保护装置符号

序号	图形符号	说　明	序号	图形符号	说　明
1		动合触点一般符号;开关一般符号	7	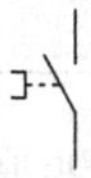	自动复位的手动拉拔开关
2		动断(常闭)触点	8	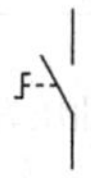	无自动复位的手动旋转开关
3	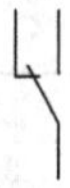	先断后合的转换触点	9		应急制动开关
4		中间断开的转换触点	10	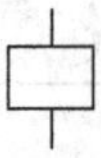	驱动器件一般符号; 继电器线圈一般符号
5	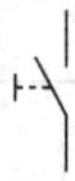	手动开关,一般符号	11	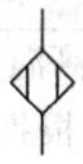	接近传感器
6	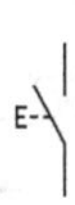	自动复位的手动按钮开关	12	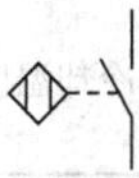	接近开关
			13		熔断器一般符号

5. 操作及非电量控制符号（表3-12）

表3-12 操作及非电量控制符号

序号	图形符号	说　明	序号	图形符号	说　明
1		手动操作件,一般符号	6		操作件(拉拔操作)
2		操作件(旋转操作)	7		操作件,应急
3		操作件(按动操作)	8		操作件(凸轮操作)
4		操作件(接近效应操作)	9		操作件(液位控制)
5		操作件(接触操作)	10		操作件(计数器控制)

6. 仪表、灯和信号器件符号（表3-13）

表3-13 仪表、灯和信号器件符号

序号	图形符号	说　明	序号	图形符号	说　明
1	V	电压表	12		发动机机油温度表
2	A	电流表	13		液压油温度表
3	P	压力表 注:可以根据不同压力选择其他形式	14		水温表
4		动力箱油压表	15	B	燃油油位表
5		发动机机油压力表	16		图形表示的油位表
6		气压表	17	n	转速表
7		液压系统压力表	18	r/min hournet	转速小时计
8	H	温度计,高温计 注:可以根据不同温度选择其他形式	19	Hz	频率计
9		发动机冷却温度表	20	h	小时计,计时器
10		机油温度表	21		灯,一般符号
11		变速箱油温表	22		闪光型信号灯

复习思考题

1. 工程机械电气系统具有哪些特点？
2. 工程机械电气设备由哪些部分组成？
3. 绘制工程机械电子控制系统组成框图。
4. 欧姆定律的计算公式是什么？
5. 试述接地短路产生的原因及解决措施。
6. 简述数字万用表测试前需要确认的内容。
7. 试述电路图的识读方法。
8. 绘制电气线路图中 5 个常用的一般符号并进行说明。
9. 简述工程机械电气线束常用的导线种类。
10. 导线颜色对应的字母代号有哪些？
11. 插接器可分为哪几类？
12. 试述带闭锁装置的插接器的拆卸方法。
13. 简述开关的分类方式。
14. 钥匙开关通常有哪几个档位？试述各档位含义。
15. 组合开关有哪些功能？
16. 熔丝的作用有哪些？
17. 断路器的作用有哪些？
18. 试述继电器的种类、结构组成、工作原理、符号及功用。
19. 传感器的组成有哪些？
20. 简述机油压力传感器的结构组成。
21. 简述霍尔式传感器的工作原理。

第四章

装载机液电控制技术

第一节　认识装载机

　　装载机主要用于对松散的堆积物料进行铲、装、运和挖等作业，短距离转运松土、砂土、砂石、煤炭和垃圾等松散物料，也可以用来整理、刮平场地以及进行牵引、堆集、倒垛等作业，是一种多用途、高效率的工程机械。它广泛适用于建筑工地、港口、码头、车站和货场等场合。

　　装载机由发动机、传动系统、制动系统、车架、工作装置、液压系统、电气系统和驾驶室等组成。

一、发动机

　　如图 4-1 和图 4-2 所示分别为徐工 300K 型和 400K 型装载机用发动机。

图 4-1　徐工 300K 型装载机用发动机　　　　图 4-2　徐工 400K 型装载机用发动机

　　（1）结构　发动机由柴油机、空气滤清器、排气管、冷却系统及其管路等组成。

　　（2）功能　发动机为装载机的行走、作业等提供动力，保证其正常行驶和工作。

二、传动系统

　　（1）结构　由变速器变矩器、液力变矩器、变速器油路系统、传动轴、前后驱动桥和车轮等组成。如图 4-3 所示为变速器变矩器，图 4-4 所示为驱动桥。

　　（2）功能　传动系统将动力装置的动力按需要传给驱动轮和其他操纵机构（如工作液压泵和转向液压泵等），并解决动力装置功率输出特性和行走装置动力需求之间的矛盾。具体作用如下：

图 4-3 变速器变矩器

图 4-4 驱动桥

1）降低转速，增大转矩。
2）实现装载机倒退行驶。
3）必要时中断传动。
4）差速作用。

三、制动系统

制动系统由行车制动系统（制动踏板）和停车制动系统组成（驻车制动），其工作原理如图 4-5 所示。

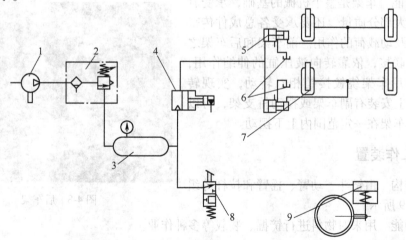

图 4-5 制动系统原理图

1—空气压缩机 2—多功能卸荷阀 3—储气罐 4—制动总阀 5—加力泵组
6—油杯组 7—制动钳 8—手控制动阀 9—驻车制动气缸

1. 行车制动系统

（1）组成　行车制动系统包括空气压缩机、多功能卸荷阀（油水分离组合阀）、储气罐、制动总阀、加力泵组和制动钳等。制动踏板如图4-6所示。

（2）功能　常用于一般行驶中的速度控制及停车。此系统还具有低压起动保护功能，用于行车起动时的保护。

2. 停车制动系统

（1）组成　停车制动系统包括制动按钮、手动控制阀、切断气缸、制动器及制动软轴等。驻车制动按钮如图4-7所示。

图4-6　制动踏板　　　　　　　　　　　图4-7　驻车制动按钮

（2）功能　用于装载机在运行中出现紧急情况时的制动，以及当制动系统气压过低时起安全保护作用。主要作用还是驻车制动：当装载机停止作业时，不致因路面倾斜或外力作用而移动。

四、车架

（1）组成　由前车架、后车架组成，后车架如图4-8所示。

（2）功能　车架是整个机械的基础，承受着整个机械的大部分质量，还要承受各总成件传来的力和力矩及动载荷的作用。前车架和后车架之间用铰接销联接，依靠转向液压缸的伸缩作用，使前车架和后车架绕铰接销相对转动，实现转向。后车架上安装有副车架或摆动桥支架，可以使后桥绕后车架在一定范围内上下摆动。

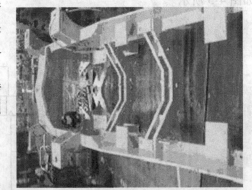

图4-8　后车架

五、工作装置

（1）结构　由铲斗、动臂、摇臂和拉杆等组成，如图4-9所示。

（2）功能　用来对物料进行铲掘、装载等多种作业。

六、液压系统

（1）结构　以液体为介质，利用液体的压力能来实现动力传递，由液压缸（动臂缸、转向缸和翻斗缸等）、泵（转向泵、工作泵和先导泵等）、阀（分配阀、流量放大阀和先导阀等）以及液压管路接头等组成。

装载机液压系统包括工作液压系统、转向液压系统和先导控制系统。

（2）功能 工作液压系统和先导系统用于控制铲斗的翻转及动臂的升降。转向液压系统和先导系统用于控制左右转向，操纵轻松自如，降低了驾驶员的工作强度。

七、电气系统

（1）结构 由电源部分、起动装置、照明和信号设备、仪表检测设备、电子检测设备和辅助设备等组成。

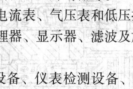

图 4-9 工作装置结构组成图
1—铲斗 2—拉杆 3—摇臂 4—动臂

1）电源部分包括蓄电池、发电机和调节器等。

2）起动装置包括起动机。

3）照明和信号设备包括照明和信号灯、喇叭以及蜂鸣器等。

4）仪表检测设备包括液压表、水温表、电流表、气压表和低压报警装置等。

5）电子检测设备包括电磁控制阀、微处理器、显示器、滤波及放大电路等。

6）辅助设备包括刮水器、空调等。

（2）功能 起动发动机，向照明和信号设备、仪表检测设备、电子检测设备和其他辅助设备供电，以保证装载机行车和作业安全。

第二节 装载机液压控制原理

一、装载机常用液压元件

1. 齿轮泵

（1）齿轮泵的工作原理 详见本书第二章第一节。

（2）判断进出油口的方法 进油口较大，出油口较小；主动齿轮进入啮合腔为高压油口。

（3）功用概述 将机械能转换为液压能的能量转换装置。在液压系统中，泵作为动力源，向液压系统源源不断地提供液压油。

2. 多路换向阀

如图 4-10 所示为 DF-32 型分配阀外形图及内部结构图，由二联换向阀和溢流阀组成。铲斗换向阀是三位阀，它可以控制铲斗上翻、下翻和封闭 3 个动作。动臂换向阀是四位六通阀，它可以控制动臂的提升、封闭、下降和浮动 4 个动作。

（1）手动式多路换向阀

1）分配阀的结构性能与工作原理。溢流阀是控制系统压力的，当系统压力超过额定压

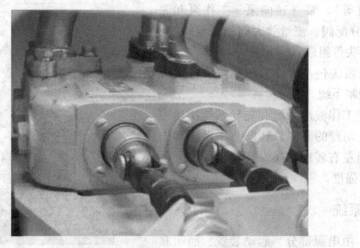

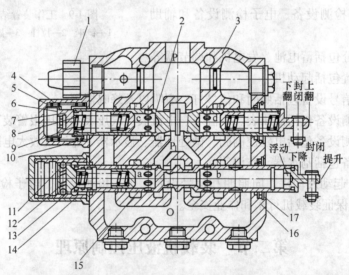

图 4-10 DF-32 型分配阀外形图及内部结构图

1—溢流阀 2—转斗阀杆 3—阀体 4、14—端盖 5—复位弹簧 6—限位柱 7、10、16—O 形密封圈
8—弹簧 9—单向阀 11—钢球 12—定位弹簧 13—定位柱 15—动臂阀杆 17—防尘圈

力时，溢流阀打开，压力油液流回液压油箱，保护工作液压系统各元件和管路不因受过高压力而损坏。其 P 口为进油口，O 口为出油口，H 口、F 口分别与铲斗液压缸的大腔、小腔相通，N 口、K 口分别与动臂液压缸的大腔、小腔相通。油槽均为左右对称布置，中立位置卸荷油道为三槽结构，从而可消除换向时的液动力，减少回油阻力。多路换向阀各阀杆中均装有单向阀，其作用是避免换向时压力油向油箱倒流，从而克服工作过程中的"点头"现象。此外，回油产生的背压也能稳定系统的工作。

①中位。当转斗滑阀、动臂滑阀处于中位时，来自工作液压泵的油由进油口 P 经 P_1 腔通过回油口 O 回油箱。

②动臂提升。将动臂滑阀往右移动使 O 口关闭，液压油由 P_1 腔进入 a 口，顶开单向阀，经 K 口进入液压缸上腔，使动臂提升，液压缸上腔的液压油经 N 口、b 口通过 O 口回

油箱。

③ 动臂下降。将动臂滑阀往左移动，使 O 口关闭，液压油由 P_1 腔进入 b 口经 N 口进入液压缸上腔，使动臂下降。液压缸下腔的液压油经 K 口、a 口顶开单向阀流回油箱。

④ 动臂浮动。将动臂滑阀往左移动，这时 N 口、K 口均与 b 口、O 口、P_1 腔相通，液压缸上、下腔相通，并处于低压状态，液压缸受工作装置的质量和地面作用力处于自由浮动状态。

⑤ 铲斗上转。将转斗滑阀往右移动，使 P_1 腔、O 口关闭，液压油由 P 口进入 c 口，顶开单向阀经 F 口到液压缸后腔，使铲斗上转，液压缸前腔的液压油由 H 口进入 d 口顶开单向阀回油。

⑥ 铲斗下翻。将转斗滑阀往左移动，使 P_1 腔、O 口关闭，液压油由 P 口进入 d 口，顶开单向阀经 H 口到液压缸前腔，使铲斗上翻，液压缸后腔的液压油由 F 口进入 c 口顶开单向阀回油。当转斗滑阀移动的外力取消，滑阀靠回位弹簧的弹力，使滑阀自动回位，处于中间（封闭）位置。

2）双作用安全阀的结构与工作原理。双作用安全阀安装于多路换向阀上的转斗液压缸前、后腔油路中（前、后腔油路各一件），双作用安全阀由补油阀和溢流阀组成，其作用如下：

① 转斗换向阀处于中位时，转斗液压缸前后腔均闭死。此时，如果铲斗受到外界冲击载荷，引起局部压力急剧上升，将导致换向阀和液压缸之间的液压元件或管路破坏，设置双作用安全阀就能有效防止该现象的发生。

② 动臂的升降过程中，双作用安全阀可以自动进行泄油和补油。为了防止连杆机构超过极限位置，同时为了使铲斗内的物料能够卸干净，在工作装置的连杆机构设有限位块。限位块的设置使得动臂在升降至某一位置时，可能会出现连杆机构的干涉现象。例如动臂提升至某一位置时，会迫使转斗液压缸的活塞杆向外拉出，造成转斗液压缸前腔的压力急剧上升，这种急剧上升的压力可能会损坏液压缸和管路。但由于设置有双作用安全阀，可使困在液压缸前腔中的油经过溢流阀返回油箱。在液压缸前腔容积减小的同时，后腔容积增大，形成局部真空。双作用安全阀的补油阀打开，向转斗液压缸后腔补充液压油，以消除局部真空。

③装载机在卸载时，能够实现铲斗靠自重快速下翻，并顺势撞击限位块，使铲斗内的物料卸净。在铲斗快速下翻的过程中，当铲斗重心越过下铰接点后，铲斗在重力作用下加速翻转，但转斗液压缸的运动速度受到液压泵供油速度的限制。由于双作用安全阀及时向转斗液压缸前腔补油，使铲斗能快速下翻，撞击限位块，实现铲斗卸料。

（2）先导式液控多路换向阀　先导式液控多路换向阀爆炸图如图 4-11 所示。

1）功用概述。通过改变动臂或转斗阀芯的相对位置来改变油口的连接关系，从而变换油液的流动方向。其中内部过载阀起溢流阀作用，补油阀是防止液压缸某腔吸空而起到补油作用。

2）工作原理。多路换向阀内有转斗阀杆和动臂阀杆。转斗阀杆有中位、前倾和后倾 3 个位置，动臂阀杆有中位、提升和下降 3 个位置。在先导阀处于浮动位时，通过 C_2 口的作用可实现浮动工况。阀杆的移动依靠先导油的推动，而回位则依靠复位弹簧的作用。多路换向阀剖视图如图 4-12 所示。

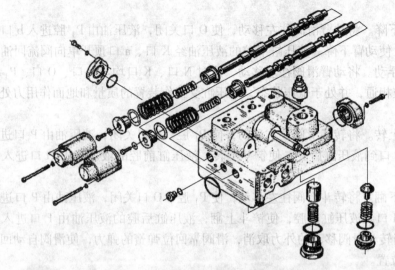

图 4-11　先导式液控多路换向阀爆炸图

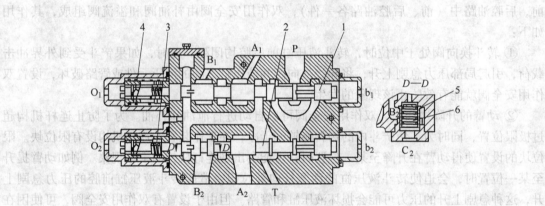

图 4-12　多路换向阀剖视图
1—转斗阀芯　2—动臂阀芯　3、4、6—弹簧　5—阀芯

① 中位。先导阀操纵杆位于中位时先导油不能通过，工作泵来油经多路换向阀直接返回油箱。

② 工作位置（提升或下降）。当先导阀位于工作位置时，先导油进入多路换向阀某一阀杆端部，推动该阀杆向左或向右移到工作位置，该阀杆另一端的先导油则流回先导阀，最后流至油箱。由于先导油使多路换向阀的某一阀杆移到工作位置，工作泵的来油打开多路换向阀内的单向阀，经油道从 A 口或 B 口流出进入转斗液压缸或动臂液压缸的某一腔，液压缸另一腔的工作油则流回多路换向阀的另一口 B 或 A，经阀内油道流入油箱。工作油的最高压力由主溢流阀控制。

③ 浮动位置。此时，动臂阀杆的位置与其下降位置相同，只是由于先导阀操纵杆在浮动位置，先导阀内的顺序阀被打开，多路换向阀内的排泄孔道 C_2 的油经先导阀内的排泄口 C_2 通往油箱，使多路换向阀内的动臂液压缸小腔补油阀打开，P、A_2、B_2、T 口连通。此时，动臂液压缸活塞杆在外力的作用下自由浮动。

其具体工作原理叙述如下：液压先导阀的动臂在下降油口有一个压力选择阀，左端弹簧设定的初始压力为2.5MPa，动臂下降，先导油经b_2口作用在其右端上。在分配阀的动臂油路上也有一个液控浮动单向阀，其结构为逻辑阀，阀芯5上带有小孔O，使动臂缸小腔B_2与阀芯5背面的C_2口相通。先导阀无压力输出时，C_2口封闭。当操作者操纵动臂先导手柄b时，先导油由P口进入b_2口，先导油推动分配阀芯右移，使P口与液压缸B_2口相通，动臂下降。如果b_2口油压达不到2.5MPa，压力选择阀无动作，此时B_2口的高压油从小孔O进入C_2口，使逻辑阀无动作。当实现浮动功能时，b_2口油压达到2.5MPa，推动压力选择阀左移，使C_2口与T口相通，阀芯5的背压为零，B_2口高压油作用在阀芯5斜面上的作用力大于复位弹簧的弹力，使B_2口与T口相通，这样液压缸的A_2口与B_2口均与T口相通，实现浮动功能。

3. 优先阀和单稳阀

1）优先阀的结构与原理　如图4-13所示，流量放大转向器在中位时，优先阀的出油经流量放大转向器内节流孔传到LS口作用在优先阀阀芯的一侧，优先阀的出油经优先阀阀芯内控口作用在另一侧（PP口）。优先阀PP口一端的压力大于LS口的压力及弹簧的弹力，在PP口的压力作用下使优先阀仅有少量的油经CF口流向流量放大转向器，剩余的转向泵供油全部经EF口流向工作装置液压系统。

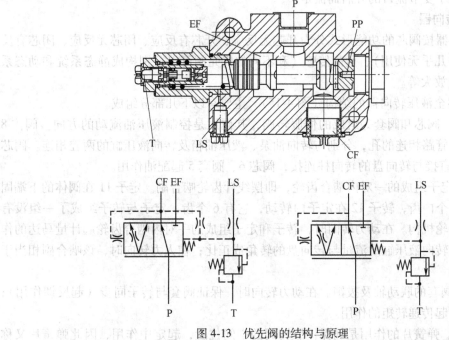

图4-13　优先阀的结构与原理

当流量放大转向器偏离中位时，LS口的压力升高，并在弹簧力的作用下使优先阀阀芯向PP口方向移动，将转向泵的来油供给流量放大转向器，满足转向要求。

2）单路稳定分流阀的结构与原理　如图4-14所示，该阀主要由阀体、阀芯、弹簧及阻尼塞等组成。其中P口是进油口，A口是连接转向器进油口，B口为回油口。

单路稳定分流阀（简称单稳阀）是全液转向系统的主要配套元件。在液压泵供油量及液压系统负荷变化的情况下，单稳阀可保证转向器所需的稳定流量，以满足转向性能的要求。

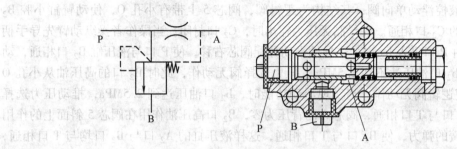

图 4-14　单路稳定分流阀的结构与原理

当进口油量小于稳定公称流量时，全部压力油通过定节流口和变节流口，再输入到转向系统，此时，变节流口处于全封闭状态。当进油量超过稳定公称流量时，通过定节流口的流量增加，定节流口前后压差也相应增大，破坏了原来的平衡状态，阀芯向右移动，使变节流口的开度变小，提高了定节流口后面的压力，进而保持定节流口前后的压差基本不变，因此通过定节流口的流量与原工况时的流量的变化就不大，即流向转向系统的流量趋于恒流，而多余的压力油由于变节流口的开启而流走。

4. 全液压转向器

全液压转向器按阀芯的功能形式分为开芯无反应、开芯有反应、闭芯无反应、闭芯有反应（实际运用中几乎无使用）、负荷传感（和不同的优先阀可以分别构成静态系统和动态系统）和同轴流量放大等。

（1）BZZ 型全液压转向器的结构（图 4-15）　主要有以下几部分组成。

1）由阀体、阀芯和阀套等组成的伺服转阀，其作用是控制液压油流动的方向。阀体 8 上有 4 个和外界管路相连的孔，分别与转向油泵、液压油箱及转向液压缸的两腔相连。阀芯 6 通过连接块 1 直接与转向盘的转向柱连接，阀芯 6、阀套 5 起配油作用。

2）转子和定子组成的一对内啮合齿轮，即摆线针齿轮啮合副。定子 11 在阀体的下端固定不动，它有 7 个内齿，转子 12 在定子内转动，它有 6 个齿，定子与转子组成了一组没有太阳轮的行星齿轮机构。在动力转向时，转子和定子组成的一对内啮合齿轮起计量马达的作用，以保证流进转向液压缸的流量与转向盘的转角成正比；在人力转向时，该啮合副相当于手动液压泵。

3）转子和阀套的联动轴及拨销。在动力转向时，保证阀套与转子同步（起反馈作用）；在人力转向时，起传递转矩的作用。

4）弹簧片。弹簧片的作用是确保伺服转阀的中间位置，起定中作用，因此弹簧片又称定中弹簧。

5）单向阀。进油口与回油口之间装有单向阀，在人力转向时，把转向液压缸一腔的油经回油口吸入进油口，然后通过摆线针齿轮啮合副压入转向液压缸的另一腔（即在人力转向时起吸油作用）。

（2）工作原理

1）开芯无反应型（BZZ1 型）和闭芯无反应型（BZZ3 型）全液压转向器的工作状态分

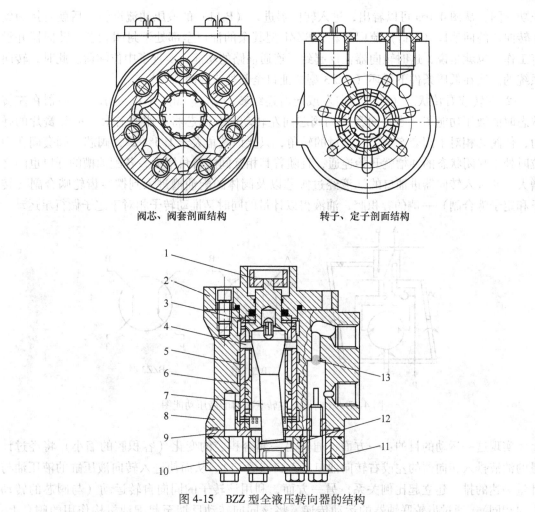

阀芯、阀套剖面结构　　　　　转子、定子剖面结构

图 4-15　BZZ 型全液压转向器的结构

1—连接块　2—前盖　3—弹簧片　4—拨销　5—阀套　6—阀芯　7—联动轴
8—阀体　9—隔板　10—后盖　11—定子　12—转子　13—钢球

为 2 个工况，即：

① 中位状态（转向盘不转动时）。如图 4-16 所示为 BZZ 型全液压转向器中位状态的液

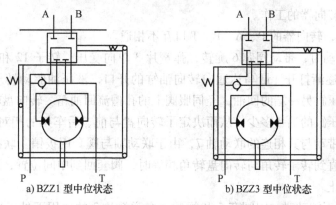

a) BZZ1 型中位状态　　　　　　　　b) BZZ3 型中位状态

图 4-16　BZZ 型全液压转向器中位状态的液压功能图

压功能图，从图 4-16a 可以看出，进入转向器进口（P 口）的液压油流进转阀后就直接回到了转向器的回油口（T 口）流回油箱，BZZ1 型其余的油口全部处于封闭状态，转向器并没有工作。也就是说，这时转向器仅仅起到了连通油路的功能，实现了中位卸荷。此时，转向系统的油液在低压条件下循环（BZZ3 型的油口全部处于封闭状态）。

② 左转或右转状态（转向盘向左或向右连续转动时）。如图 4-17 所示为转向器在左转状态时的液压功能图，当转向盘带动阀芯向左转动时，阀芯将克服阀芯套间的弹簧片的弹力，使阀芯相对于阀套产生了一定量的转角，只要该转角大于 1.5°~2°，阀芯与阀套间在中位时处于封闭状态的油槽就开始连通，且随着其相互间的转角增大，各配油槽的开口也随之增大，使进入转向器进油口的油液经过阀芯以及阀体的配油槽进入到摆线齿轮啮合副（转子和定子啮合副）一侧的容积腔，油液得以计量的同时又推动转子相对于定子做行星运动。

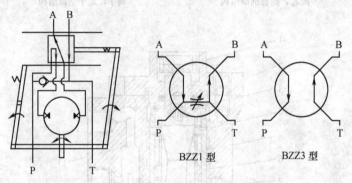

图 4-17 转向器在左转状态时的液压功能图

实现这一运动的目的：一方面，通过另一侧容积腔的变化（容积腔的缩小）将经过计量的油液排入转向器的左或右转向油口（A 口或 B 口），从而使进入转向液压缸的液压油与计量马达的排量建立起比例关系；另一方面，利用该转子的同向自转运动（与阀芯的转动方向相同），通过齿轮联轴器的运动传递，将该同向转动反馈至起配油机构作用的阀套上，使阀套与阀芯的转动实现随动，即当转向盘带动阀芯的转动一旦停止，在转子的自转运动带动下，阀套就会自动将与阀芯间的配油槽关闭，使转向器进油口（P 口）的液压油无法进入转向器内部，转向器便立即处于中位状态，从而使进入转向液压缸的液压油容积与转向盘的转速建立起联系。

2）BZZ1 型转向器的工作。

① 中位状态，转向器的 P、A、B、T 口互不相通。

② 转向盘转动时，带动阀芯 6 旋转，弹簧片 3 单向受压，转子 12 和阀套 5 瞬时不动，在转过 1.5°后，逐渐打开计量马达通向转向油缸的开口，液压油驱动转子转动，并把油排入转向油缸。液压缸另一端的回油，经伺服阀上的孔槽流回油箱。转向盘转动的角度大小决定了进入转向液压缸的油量多少，从而决定了转向盘与前、后车架的相对转角的对应关系。当转子转动时，带动与其相连的联动轴 7，由于联动轴与阀套用拨销 4 联接在一起，因此使阀套同步转动，直到转子转角与转向盘转角相等时，阀套回到中间位置，即关闭通往液压缸的通道，供油停止。

③ 当转向盘不转动时，即阀套 5 和阀芯 6 在弹簧片 3 的作用下处于中间位置，油液从

阀芯和阀套端部小孔进入阀芯内腔，并经油管回油箱。在发动机熄火时，液压泵停止工作，转向盘通过转向轴、阀套和联动轴驱动转子转动，此时，转子、定子相当于一个手动液压泵，将液压缸一腔的油经回油管和单向阀吸入，然后排到液压缸的另一腔，实现静压转向。为了实现人力转向，转向器不应安装在高于油箱液面0.5m的地方，以提高吸油效果。

3）负荷传感型液压功能如图4-18所示。

来自液压泵的液压油先通往优先阀，无论负荷和压力大小、转向盘转速高低、发动机怠速还是高速，优先阀优先向转向器分配流量，保证转向供油充足，使转向动作平稳可靠；当发动机处于高速或不转向、慢转向时，优先阀将剩余的液压油全部供给工作装置液压系统使用，从而消除转向系统供油过多而造成功率损失，减少液压系统液压泵的总排量数，提高了液压系统效率。

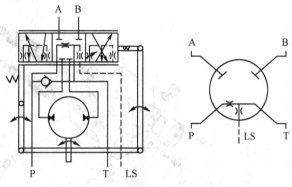

图4-18　负荷传感型液压功能

转向器与转向液压缸组成一个位置控制系统，转向液压缸活塞杆的位移与转向器阀芯的角位移成正比。转向器内的摆线马达是一个计量装置（熄火转向时起液压泵作用），它把分配给转向液压缸的油液体积量，转化为转向器阀套的角位移量，阀套相对阀芯的角位移决定了配油窗口的开口面积。转向盘转速越高，相对角位移越大；转向盘停止转动时，相对角位移为零，配油窗口关闭，实现反馈控制。复位弹簧使阀套越过死区与阀芯对中。优先阀是一个定差减压元件，无论负载压力和液压泵供油量如何变化，优先阀均能维持转向器内变节流口两端的压差基本不变，保证供给转向器的流量始终等于转向盘转速与转向器排量的乘积。

另外，该转向器还具有流量放大功能，当快速转向时，阀套上的变节流口打开，一部分油液可通过此节流口进入转向缸，加快转向速度。

（3）转向器阀块

1）转向器阀块的结构。转向器阀块主要由单向阀、溢流阀、双向溢流阀和补油阀等组成。

2）转向器阀块的功能。

① 单向阀。从液压泵来的高压油经单向阀进入转向器的进油口，作用是防止油液倒流使转向盘自动偏转，造成转向失灵。

② 溢流阀。安装在阀体内与进油口和回油口相通的阀孔内，以防止系统过载。

③ 双向溢流阀。安装在阀体内与通向转向油缸左右腔油孔相通的阀孔内，并和回油口相通，保护转向液压免受过高的压力冲击，确保油路安全。

④ 补油阀。安装在阀体内与通往转向液压缸左右腔油孔相通，并与双向缓冲阀相通。当液压缸一腔压力高于缓冲阀调定压力时，缓冲阀卸荷，液压缸另一腔的补油阀补油，从而保证系统不产生气蚀现象。

5. 流量放大阀

（1）结构（图4-19）　流量放大阀是转向系统中的一个液动换向阀，先导控制油由转向器经限位阀到流量放大阀的控制腔移动主阀芯，使转向泵来的油流向转向液压缸完成转向动作，除优先供应转向系统外，它还可以使转向系统多余的油合流到工作系统，这样可降低工作泵的负荷，以满足低压大流量的作业工况。

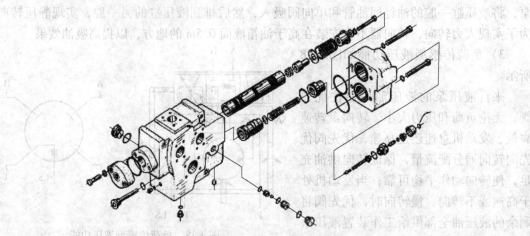

图4-19 流量放大阀的结构

（2）工作原理 如图4-20所示为优先型流量放大阀的结构。

1）中位。当放大阀阀芯2处于中位时，转向泵的油进入P口，推动优先阀阀芯12右移，油液全部从PF口流出，进入工作液压系统。封闭在左、右转向口L、R腔的液压油通过内部通道作用在溢流阀的锥阀9上。当转向轮受到外加阻力时，L或R腔的压力升高，直到打开锥阀9卸载以保护转向液压缸等液压元件。

2）右转向位置。当转向盘向右转时，先导油进入R_1口，推动放大阀阀芯2向左移动，使P、R口接通，L、T口接通，实现右转向。在优先满足右转向的同时，其多余油从PF口合流到工作液压系统中去。转向盘转动越快，先导油就越多，放大阀阀芯2位移就越大，转

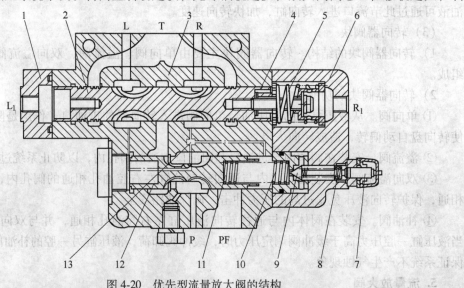

图4-20 优先型流量放大阀的结构

1—前盖 2—放大阀阀芯 3—阀体 4、11—调整垫片 5、8、10—弹簧 6—后盖
7—调压螺钉 9—锥阀 12—优先阀阀芯 13—梭阀

向速度也越快。压力油流入右转向 R 口的同时，由于负载反作用，使得作用在优先阀阀芯 12 两端的压力差保持不变，从而保证去转向液压缸的流量只与阀芯的位移有关而与负载压力无关，油的压力经过梭阀 13 作用在锥阀 9 左端和优先阀阀芯 12 的右端，起自动控制流量的作用。如果压力继续上升超过调定压力时，锥阀 9 开启，优先阀阀芯 12 右移，流量从 PF 口流向工作液压系统；当负载消除后，压力降低，优先阀阀芯 12 恢复到正常位置，锥阀 9 关闭。

3）左转向位置。其工作原理与右转向相似。

6. 先导阀

（1）先导阀的结构　先导阀的结构如图 4-21 所示。

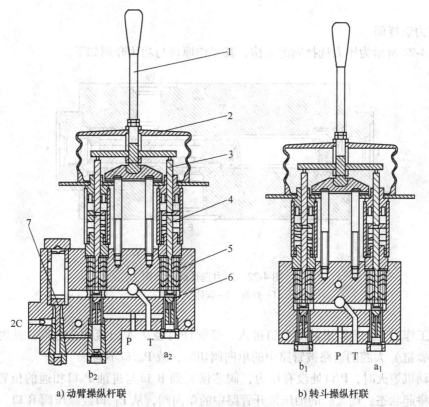

图 4-21　先导阀的结构
1—手柄　2—防护套　3—压销　4—压杆　5—计量弹簧　6—计量阀芯　7—顺序阀

（2）工作原理与功用概述　先导阀是先导液压系统中一个很重要的控制元件，具有转斗操纵杆和动臂操纵杆两联。其中转斗操纵杆有下翻、中位和上翻 3 个位置，动臂操纵杆有提升、中位、下降和浮动 4 个位置。在提升、浮动和上翻位置设有电磁铁定位。P 口为进油口，T 口为回油口，a_1、b_1、a_2、b_2 为控制油口，分别与多路换向阀的相应控制油口相连。

当手柄在中位时，P、T 口不通，控制油口与 T 口相通，多路换向阀处于中位。

当扳动手柄压下压销 3，推动压杆向下移动时，计量弹簧推动计量阀芯向下移动，截断控制油口与 T 口的通路，连通 P 口与控制油腔，先导压力油从控制油口流进多路换向阀阀芯的一端，推动多路换向阀阀芯，实现换向动作。控制油口的油压作用在计量阀芯的下端，并与计量弹簧的弹力平衡。先导阀手柄保持在某一位置，则弹簧力一定，控制油口对应的压力也一定，类似定值减压阀的动作过程。弹簧力随手柄改变角度的变化而变化，手柄改变角度越大，弹簧力就越大，控制油口的油压也就越高，多路换向阀阀芯受到的推力也相应增大，使其行程与先导阀手柄变化角度成正比关系，从而实现比例先导控制。

当先导阀手柄被扳至全举升或全收斗位置时，电磁铁吸力将手柄保持在举升或收斗位置，减轻操作者的劳动强度，其中收斗联通过接近开关的作用，使电磁铁瞬间断电，手柄在复位弹簧的作用下回到中位，实现了铲斗自动放平功能。

当扳动手柄至浮动位置时（由于该位置设有电磁铁定位，手柄保持在浮动位置），此时控制油口 b_2 的油压能够使先导阀中的顺序阀打开，从而使2C口与T口接通，实现动臂的浮动功能。

7. 压力选择阀

如图 4-22 所示为压力选择阀的结构，其工作原理与功用介绍如下。

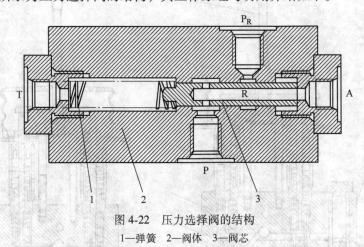

图 4-22　压力选择阀的结构
1—弹簧　2—阀体　3—阀芯

正常工作时，先导泵来油从 P 口进入，经阀杆内腔从 A 口流向先导阀。此时，流向提升缸（动臂缸）大腔的通路被管路中的单向阀切断，故 P_R 口不通。

当发动机熄火时，P 口处没有压力，阀芯恢复到 R 口与进油 P 口相通的位置。此时如果动臂为举起状态，则大腔的油压推开管路中的单向阀，从 P_R 经减压阀 R 口，通过 A 口传递到先导阀的进油腔（此时管路中另一单向阀截断了去先导泵的通路，P 口是不通的）。

若先导阀滑阀处于中位，则 A 口油路被先导阀截断；当先导阀滑阀处于下降位置时，则 P_R 口的压力油与 A 口接通，推动多路换向阀的相应阀芯，从而实现动臂下降或铲斗前翻。在此过程中，阀芯也能控制 A 口到先导阀的压力在 2.5MPa 左右，如果出油孔 A 口的压力过高，阀芯则向左移动，减少通过 R 口的流量，降低出油孔 A 口的压力。

8. 限位阀

（1）限位阀的结构（图 4-23）与工作原理　在转向过程中，从转向器流来的先导油从 A 口流入，经阀杆中段的 X 型环形槽，由 B 口流向流量放大阀阀芯的一端，推动流量放大阀阀芯移动，使其另一端的油液从另一个限位阀的 B 口，经阀杆中段的环形槽，再从 A 口经转向器流回油箱。

进入右限位阀的油液经阀杆另一环形槽从 T 口回油箱。在右限位阀没有复位之前，向左转动转向盘，流量放大阀阀芯右端的油液推开球阀 5，从 A 口流出，于是开始左转向，当左转至右限位阀复位时，先导油又从右限位阀阀杆中段的环形槽中流出，恢复正常转向状态。

右转向的限位阀工作原理与左转向类似。

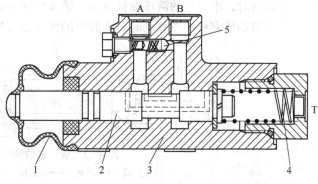

图 4-23　限位阀的结构
1—防护套　2—阀芯　3—阀体　4—弹簧　5—球阀

（2）功用概述　限位阀成对使用，左、右转向控制油路各用一个，用来限制（柔性限位，起缓冲作用）装载机转向的极限位置。当整机转向至极限位置时，限位阀切断去流量放大阀的先导控制油，使转向停止，起安全转向的作用。其中的 T 口有把限位阀泄漏的油导回油箱的作用。

9. 卸荷阀

（1）卸荷阀的结构　卸荷阀的结构如图 4-24 所示。

（2）工作原理与功用概述　卸荷阀通过来自先导阀的转斗阀阀芯组压力油进行控制。当先导阀操纵手柄处于收斗位置时，先导油一方面作用于分配阀的转斗阀阀芯，另一方面作用于卸荷阀的 a_1 口，使阀芯 1 向下运动，接通 P 口和 T 口，使从 EF 口流向工作液压系统的液压油减少，于是转向泵经 P 口来的液压油从 T 口直接流回液压油箱，自动实现低压卸荷，降低通过装载机工作液压控制系统中分配阀的流量，减少节流压力损失和溢流阀高压溢流压力损失，达到提高功率利用率、节能降耗、降低液压系统热平衡温度的目的。

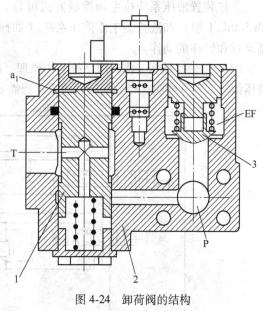

图 4-24　卸荷阀的结构
1、3—阀芯　2—阀体

而此部分功率则被分配到驱动轮，提高了机器牵引力，使装载机挖掘能力更强，更好地满足了装载机工作液压控制系统中分配阀处于铲掘物料工况时需要高压力、小流量的要求。

当先导阀操纵手柄不处于收斗位置时，转向泵经 P 口来的液压油顶开阀芯 3 从 EF 口流向工作液压系统，实现双泵合流，从而在动臂处于提升、下降或铲斗卸料状态时，工作装置的液压油流量增加，达到缩短作业周期、提高作业效率的目的。

10. 液压缸

装载机中使用的液压缸多为单级双作用液压缸。单级是指液压缸仅有一个活塞，双作用则是指液压油作用于活塞的两端。

（1）液压缸的结构（图 4-25）与原理　当高压液压油进入液压缸大腔推动活塞带动活

塞杆向右移动时，小腔里的液压油被挤出，活塞杆伸出；反之，当高压液压油进入液压缸小腔推动活塞带动活塞杆向左移动时，大腔里的液压油被挤出，活塞杆收回。

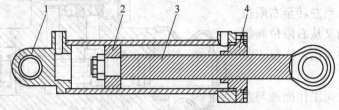

图 4-25　液压缸的结构

1—缸筒　2—活塞　3—活塞杆　4—导向套

（2）液压缸的功用　将液压能转换为机械能。在液压系统中，液压缸是动作执行元件。

二、装载机液压系统工作原理

1. 工作装置液压系统

工作装置液压系统按主阀控制方式可分为机械操纵型工作液压系统（如徐工 LW500F、LW500K-Ⅰ型）和液控型工作液压系统（如徐工 ZL50G、LW500K-Ⅱ型）。其作用是用来控制动臂和铲斗的动作。

（1）机械操纵型工作液压系统工作原理（图 4-26）　当工作装置不工作时，来自液压泵的液压油输入到分配阀，经分配阀回油箱。当需要铲斗铲挖或卸料时，操纵转斗操纵杆，后拉或

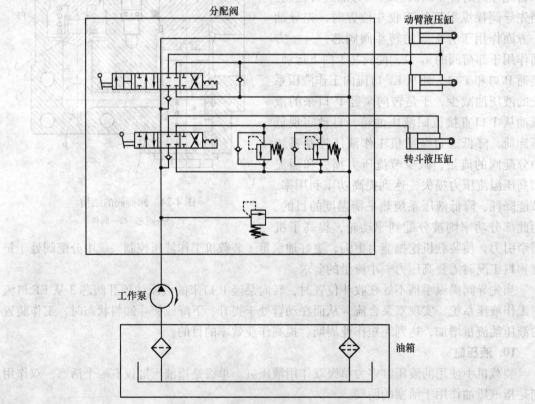

图 4-26　机械操纵型工作液压系统工作原理

前推，来自液压泵的工作油经分配阀进入转斗液压缸的后腔或前腔，使铲斗上翻或下翻。

当需要动臂提升或下降时，操纵动臂操纵杆，后拉或前推，来自液压泵的工作油经分配阀进入动臂液压缸的下腔或上腔，使动臂和铲斗提升或下降。

当铲斗需要上下浮动时（用于装卸散装物料），操纵动臂操纵杆前推二档，来自液压泵的工作油经分配阀可进入动臂液压缸上下腔，同时与液压箱接通，油缸上下腔工作油处于低压状态，铲斗在自重作用下处于自由浮动状态，铲斗贴地面工作。

当外负荷超过系统提升或上翻能力时，或者动臂液压缸活塞到达液压缸端部（转斗液压缸活塞到达液压缸前端），系统压力最高达到系统调定压力时，压力油顶开溢流阀溢流卸载经分配阀回油箱。

（2）液控型工作液压系统工作原理（图4-27）　发动机工作通过变矩器带动工作泵和先

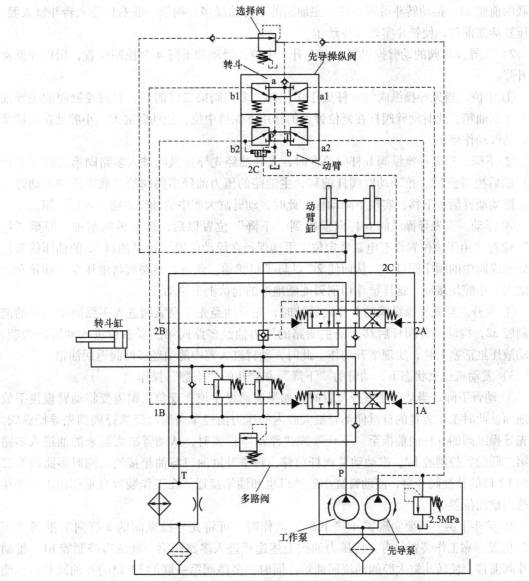

图4-27　液控型工作液压系统工作原理

导泵运转，当先导操作阀的两操纵杆 a、b 都处于中位时，多路阀的转斗阀杆也处于中位，工作泵输出的油液经多路阀返回油箱。先导泵输出的油液不能流过先导阀，而是打开先导泵溢流回油箱。

1）先导阀的转斗操纵杆 a 有下翻、中位和上翻 3 个控制位置，以控制铲斗的动作。

① 中位。当先导操纵阀的 a 杆处于中位时，多路阀第一联的左右两控制腔的先导油直通油箱，转斗阀杆在复位弹簧作用下保持中位。此时转斗油腔处于闭锁状态。

② 下翻。发动机工作时，先导操纵阀的转斗操纵杆 a 向右推，这时，先导油经先导操纵阀进入多路阀第一联（转斗联）的后控制腔 b1，推动转斗阀杆前移，主油路的压力油经多路阀第一联左位进入转斗缸小腔，液压缸活塞后移，实现铲斗下翻动作。

③ 上翻。当先导操纵阀的转斗操纵杆 a 向左拉时，先导油经先导操纵阀进入多路阀第一联的前腔 a1，推动转斗滑阀后移，主油路的压力油经多路阀第一联右位进入转斗缸大腔，液压缸活塞前移，使铲斗实现收斗动作。

2）先导操纵阀的动臂操纵杆 b 有上升、中位、浮动和下降 4 个控制位置，用以控制动臂升降。

① 中位。当先导操纵阀的 b 杆处于中位时，多路阀第二联的左、右两控制腔的先导油都直接回油箱，此时动臂阀杆在复位弹簧的作用下保持中位，使动臂缸大、小腔处在闭锁状态，动臂动作停止。

② 下降。当先导操纵阀 b 杆向前推时，先导油经先导操纵阀进入多路阀第二联（动臂联）的后控制腔 b2，推动动臂阀杆前移，主油路的压力油经多路阀第二联左位进入动臂小腔，推动动臂活塞下移，实现下降动作。此时，动臂缸大腔中的油经多路阀返回油箱。

③ 浮动。当先导操纵阀 b 杆向前推到"下降"位置以后，继续再向前推，即至"浮动"位置（由于该位置设有电磁铁定位，手柄保持在浮动位置）控制油口 b2 的油压能够使先导操纵阀中的顺序阀打开，从而使 2C 口与 T 口接通。此时，多路阀将液压泵、油箱和动臂缸大、小腔均接通，这样铲斗切削刃能随地形的起伏上下浮动。

④ 上升。当先导操纵阀的 b 杆向后拉时，先导油经先导操纵阀进入多路阀第二联的前控制腔 a2，推动动臂阀杆后移，使主油路的压力油经多路阀第二联右位进入动臂缸大腔，推动液压缸活塞上移，实现举升动作。此时，动臂缸大腔中的油经多路阀返回油箱。

3）发动机熄火状态下，动臂的"下降"和铲斗的"下翻"操作。

① 动臂下降。当动臂在举升位置时，如果突然发生熄火现象，则需要将动臂慢慢下放到地面。此时工作装置的自重使动臂缸大腔内的压力油经单向阀流经选择阀到先导操纵阀。当先导操纵阀的 b 杆向前推至"下降"或"浮动"位置时，从动臂缸大腔来的油进入多路阀第二联的后控制腔 b2，推动动臂阀杆前移，将举升缸油口与油箱接通，同时多路阀第二联的 b2 口的补油阀开启，使动臂缸小腔油口也和油箱接通。在工作装置自重作用下，铲斗降落到地面位置。

② 铲斗下翻。当要实现铲斗"下翻"动作时，可将先导操纵阀的 a 杆向前推到"下翻"位置，靠工作装置的自重使压力油按上述途径进入多路阀第一联的后控制腔 b1，推动转斗阀前移，使转斗缸大腔的油流回油箱。同时，多路阀第一联的 b1 口的补油阀开启，使转斗缸小腔油口也与油箱相通。铲斗在工作装置自重作用下实现"下翻"动作。

2. 转向液压系统

装载机转向液压系统用来控制装载机的行驶方向，使装载机稳定地保持直线行驶，且在转向时能灵活地改变行驶方向。转向液压系统良好稳定的性能是保证装载机安全行驶、减轻驾驶员劳动强度和提高作业效率的重要保障。

（1）单稳阀转向系统（如徐工 LW300K、LW541F 型）　其工作原理如图 4-28 所示。

开芯转向器与单稳阀转向系统是最简单的一种全液压转向形式，单稳阀为转向器提供稳定的流量。

工作原理：从转向泵输出的油液，经单稳阀将稳定流量的液压油输送给转向器。转向盘不转动时，油液经过阀芯内腔流回液压油箱。

转动转向盘，液压泵的油液经转向器的"伺服转阀"进入转向器的"计量马达"（转子和定子啮合副），推动转子跟随转向盘转动，并将定量油液压入转向液压缸的左转向腔或右转向腔，推动车架偏转，实现转向。液压缸另一腔则回油。

在转向阀体上还装有转向组合阀（阀块），它连接在液压泵和转向器之间，用来保证转向器及整个转向液压系统在额定压力下正常工作，同时还对转向油缸、连接管路及转向泵等起过载保护作用。

（2）负荷传感转向系统（如徐工 LW300F 型）　其工作原理如图 4-29 所示。

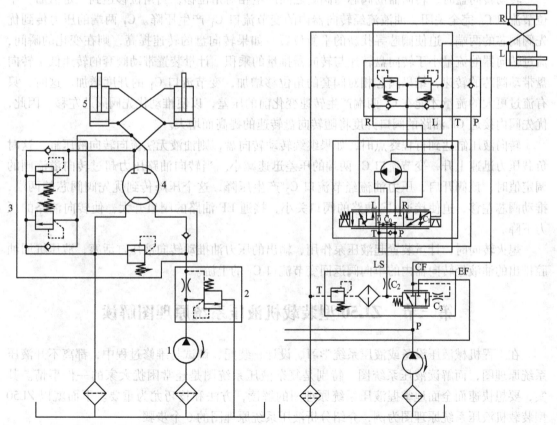

图 4-28　单稳阀转向系统工作原理　　　　　图 4-29　负荷传感转向系统工作原理

1—转向泵　2—单稳阀　3—转向组合阀

4—转向器　5—转向油缸

由负荷传感转向器和优先阀组成的转向系统，主流量优先保证转向。必须注意的是若需静态信号的优先阀和静态信号的转向器相匹配，则 EF 回路必须是开芯系统。

工作原理：负荷传感全液压转向器与转向液压缸组成一个位置控制系统，转向液压缸活塞杆的位移与转向器阀芯角位移成正比。转向器内的摆线马达是一个计量装置（熄火转向时起液压泵作用），它把分配给转向液压缸油液体积量转化为转向器阀套的角位移量，阀套相对阀芯的角位移决定了配油窗口的开口面积。转向盘转速越高，相对角位移越大，配油窗口面积也越大；转向盘停止转动时，相对角位移为零，配油窗口自行关闭，实现反馈控制。复位弹簧使阀套越过死区，与阀芯对中。优先阀是一个定差减压元件，无论负载压力和液压泵供油量如何变化，优先阀均能维持转向器内变节流口 C_1 两端的压差基本不变，保证供给转向器的流量始终等于转向盘转速与转向器排量的乘积。转向器处于中位时，如果发动机熄火，液压泵不供油，则优先阀控制弹簧把阀芯推向右，接通 CF 油路。发动机起动后，优先阀分配给 CF 油路的油液流经转向器内的中位节流口 C_0 产生压降。C_0 两端的压力传到优先阀阀芯的两端，由此产生的液压力与弹簧力、液动力平衡，使阀芯处于一个平衡位置。由于 C_0 的液阻很大，只要流过很小的流量便可以产生足以推动优先阀阀芯左移的压差，进一步使阀芯左移，开大 EF 阀口，关小 CF 阀口，因此流过 CF 油路的流量很小。

转动转向盘时，转向器的阀芯与阀套之间产生相对角位移，当角位移达到一定值后，中位节流口 C_0 完全关闭，油液流经转向器内的变节流口 C_1 产生压降。C_1 两端的压力传到优先阀阀芯的两端，迫使阀芯寻找新的平衡位置。如果转向盘的转速提高，则在变化的瞬间，流过转向器的流量小于转向盘转速与转向器排量的乘积，计量装置带动阀套的转速低于转向盘带动阀芯的转速，结果阀芯相对阀套的角位移增加，变节流口 C_1 的开度增加。这时，只有流过更大的流量才能在 C_1 两端产生转速变化前的压差，以便推动优先阀阀芯左移。因此，优先阀内接通 CF 油路的阀口开度将随转向盘转速的提高而增大。

转向液压缸达到行程终点时，如果继续转动转向盘，则油液无法流向转向液压缸，这时负载压力迅速上升，变节流口 C_1 两端的压差迅速减小。当转向油路压力超过转向溢流阀的调定值时，该阀开启，压力油流经节流口 C_2 产生压降，这个压降传到优先阀阀芯的两端，推动阀芯左移，迫使接通 CF 油路的阀口关小，接通 EF 油路的阀口开大，使转向油路的压力下降。

熄火转向时，计量装置起液压泵作用，输出的压力油推动转向液压缸活塞，液压缸回油腔排出的油液经转向器内的单向阀返回变节流口 C_1 的上游。

第三节　ZL50 型装载机液压系统原理图解读

在工程机械液压设备或液压系统学习、设计、装配、调试与维修过程中，都离不开液压系统原理图，而解读液压系统图，特别是复杂液压系统图是经常困扰大家的一件事情。其实，要想快速而全面地掌握液压系统原理图的解读，方法和技巧尤为重要。下面就以 ZL50 型装载机液压系统原理图为例，介绍分析液压系统原理图的 6 个步骤。

一、初读元件

在详细分析 ZL50 型装载机液压系统原理图（图 4-30）之前，应首先对整个回路图进行初步了解，明确装载机液压控制系统的组成元件及基本功能，为具体分析液压系统的工作过程做准备。

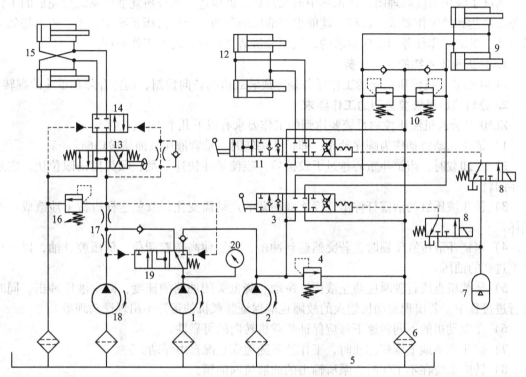

图 4-30　ZL50 型装载机液压系统原理图

1—辅助泵　2—主泵　3—铲斗换向阀　4、16—溢流阀　5—油箱　6—滤油网　7—蓄能器　8—电磁阀

9—铲斗液压缸　10—双作用溢流阀　11—动臂换向阀　12—动臂液压缸　13—转向阀　14—锁紧阀

15—转向液压缸　17—节流阀　18—转向泵　19—流量转换阀　20—压力表

1. 确定液压系统组成元件

通过初读图 4-30，可以看出此原理图主要由液压源、转向液压缸、动臂液压缸、铲斗液压缸、双作用溢流阀、动臂换向阀、铲斗换向阀、锁紧阀、电磁阀和蓄能器等元件组成。

2. 分析各组成元件的基本功能

1）液压源由主泵 2、辅助泵 1、转向泵 18、溢流阀 4、溢流阀 16、滤油网 6、压力表 20、油箱 5 等组成，其中液压泵属于动力元件，为整个液压系统提供能量；溢流阀实现系统过载保护；压力表直观显示系统压力；油箱实现液压油的储备和冷却。

2）铲斗液压缸 9、动臂液压缸 12 和转向液压缸 15 均属于执行元件，实现装载机的转向、举升和卸料。

3）电磁阀 8、动臂换向阀 11、铲斗换向阀 3、转向阀 13、锁紧阀 14、流量转换阀 19、节流阀 17 属于控制调节元件，通过调整液压油的流量、流向控制装载机转向机构和工作机械的动作。

4）蓄能器 7 属于辅助元件，短时间内提供高压油液。

二、分析系统

初读了液压系统原理图，认识图中的元件后，就应进一步分析此液压系统要完成的工作任务及要达到的工作要求。这样，就能根据液压回路图去分析液压系统在工作原理上是如何满足装载机的工作任务和工作要求的，从而分析清楚液压系统的工作原理。

1. 分析液压系统的工作任务

ZL50型装载机液压系统的工作任务是完成装载机的转向控制、动臂升降和铲斗的翻转。

2. 分析液压系统要达到的工作要求

ZL50型装载机液压控制系统要达到的工作要求有以下几个方面：

1）铲斗和动臂动作为顺序动作，即铲斗翻转时，动臂液压缸油路被切断。

2）在卸载时，当铲斗重心越过下铰链后，能使铲斗快速下翻，顺势撞击限位块，实现撞斗卸料。

3）铲斗液压缸的活塞杆伸出长度能随动臂的运动而变化，以免连杆机械干涉造成油路损坏。

4）当铲斗液压缸闭锁时，若突然遇到冲击，应能使高压腔卸荷，低压腔补油，以避免产生过高的油压。

5）装载机直线行驶时应防止液压缸窜动和降低关闭油路的速度，减少液压冲击，同时在行进过程中，若出现发动机熄火的故障也应保证装载机的运行不出现摆头现象。

6）在发动机的不同转速下都应保证装载机转向的可靠性。

7）铲斗在平地上堆积作业时，工作装置随地面状况自由浮动。

8）转向系统在不工作时，泵所输出的油液流回油箱。

9）为提高生产效率，也避免液压缸活塞杆经常伸缩到极限位置而造成溢流阀频繁启闭，应有自动复位装置。

3. 对号入座确定液压系统中各元件的具体功用

在分析了液压系统的基本动作过程后，就要确定系统中各元件具体能实现何种功能。此时，结合装载机的工作要求，分析得知各液压元件的具体功能如下：

1）辅助泵1以液压油的形式为转向系统和工作系统提供能量。

2）主泵2以液压油的形式为工作系统提供能量。

3）铲斗换向阀3通过操纵手柄控制铲斗前倾和后倾。

4）溢流阀4实现过载溢流，保护工作装置。

5）油箱5用于储存液压油和冷却液压油。

6）滤油网6用于清除油液中的各种杂质，以免影响正常工作。

7）蓄能器7给动臂升降自动限位装置提供高压油液。

8）电磁阀8控制蓄能器与铲斗和动臂滑阀液控口的通断。

9）铲斗液压缸9控制铲斗的前倾和后倾。

10）双作用溢流阀10的作用主要体现在以下3个方面：一是缓冲该过载油压，二是防止连杆机构发生干涉现象，三是实现撞斗卸料。

11）动臂换向阀11通过动臂液压缸控制动臂上升、下降、锁紧与浮动。

12）动臂液压缸12控制动臂的上升、下降、锁紧与浮动。

13）转向阀13控制转向液压缸的伸出与收回。

14）锁紧阀 14 防止装载机运动过程中发动机突然停机后，装载机出现摆头现象。

15）转向液压缸 15 控制装载机的转向。

16）溢流阀 16 控制系统压力。

17）节流阀 17（2 个）使转向泵输出的油液流经节流孔产生压力差，控制流量转换阀的左右移动，从而实现辅助泵油液的流向。

18）转向泵 18 向转向系统提供压力油液。

19）流量转换阀 19 用于控制辅助泵在不同的发动机转速下合理的匹配流量进行转向系统供油和工作系统供油。

20）压力表 20 用于显示系统压力。

三、对元件重新编号

大多数情况下，待分析的液压系统原理图中并没有对元件进行编号，为了便于分析和说明，在了解了装载机的工作过程和工作要求后，可以对液压回路图中所有的元件进行重新编号，为划分子回路做准备。如图 4-31 所示为重新编号后的装载机液压系统原理图。

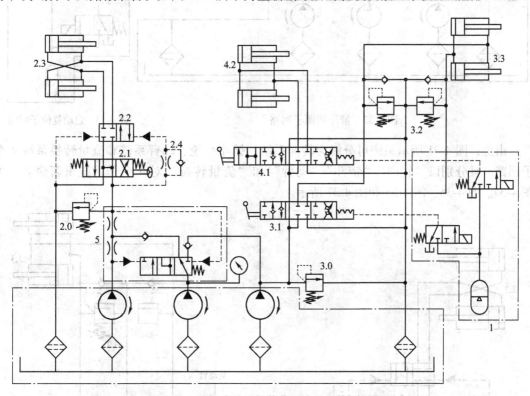

图 4-31 重新编号后的装载机液压系统原理图

四、划分子回路

在液压系统中，最终完成系统工作任务的是执行元件，因此，可以把与该元件有关的所有元件所组成的液压回路看成一个相对独立的回路，这就是以执行元件为中心的子回路。而任何一个液压系统都是由一些基本液压回路组成的，如压力控制回路、方向控制回路和速度调速控制回路等。因此，子回路也是由基本回路组成的，这样就可以套用基本回路的分析方法对每个子回路进行分析，从而使液压回路图的分析更容易一些。

图4-31所示的ZL50型装载机液压系统可以按照执行元件划分子回路，即把为同一个执行元件服务的所有元件划归为一个子回路。

在前面已经了解到，ZL50型装载机的液压系统的工作任务主要体现实现装载机的转向、动臂的升降和铲斗的翻转3个方面。因此，通过对整个液压回路图的分析，将其分解为转向控制子回路、动臂控制子回路、铲斗控制子回路、液压油源子回路、自动复位子回路和流量转换子回路。

其中液压油源子回路和自动复位子回路分别作为一个独立回路（图4-32和图4-33），其油路简单，因此在分析其他子回路时，可将其省略。溢流阀作为液压系统压力控制的主要装置，也将会重复出现在任一液压回路中，因此也将溢流阀2.0和3.0均纳入液压油源子回路中。

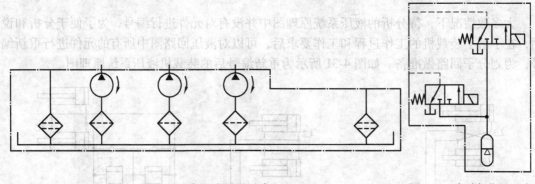

图4-32　液压油源子回路　　　　　　　　　　图4-33　自动复位子回路

由此，图4-31所示系统可分解为转向系统、铲斗系统、动臂系统和流量转换系统4个子回路，且分别以"转向""铲斗""动臂"和"流量转换"对4个子系统重新命名，如图4-34、图4-35、图4-36和图4-37所示。

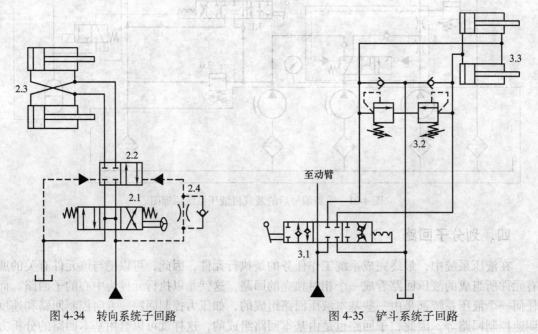

图4-34　转向系统子回路　　　　　　　　　　图4-35　铲斗系统子回路

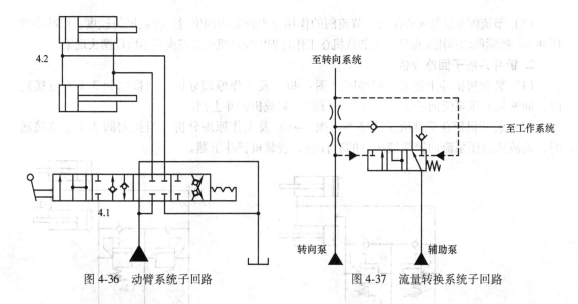

图 4-36　动臂系统子回路　　　　　　　图 4-37　流量转换系统子回路

五、分析子回路

对液压回路图中各个子回路进行工作原理分析是分析液压回路图的关键环节，只有将各个子回路的工作原理分析清楚，才能分析清楚整个液压系统的工作原理。对各个子回路进行分析主要是绘制各动作过程的回路图，并结合工作装置的工作任务和动作要求进行工作原理分析。

1. 转向系统子回路分析

（1）装载机左转液压回路图及工作原理分析　当转向阀 2.1 左位接通时，油液从液压泵流向锁紧阀 2.2 的右控制腔，使锁紧阀 2.2 右位接通，液压油分别进入左转向液压缸的有杆腔和右转向液压缸的无杆腔，装载机左转，如图 4-38 所示。

（2）装载机右转液压回路图及工作原理分析　当转向阀 2.1 右位接通时，油液从液压泵流向锁紧阀 2.2 的右控制腔，使锁紧阀 2.2 右位接通，液压油液分别进入左转向液压缸的无杆腔和右转向液压缸的有杆腔，装载机右转，如图 4-39 所示。

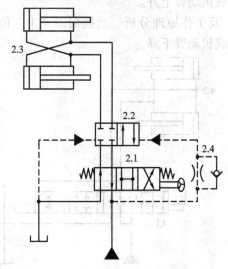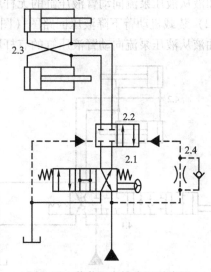

图 4-38　装载机左转液压回路图　　　　　图 4-39　装载机右转液压回路图

（3）节流阀及锁紧阀的作用　节流阀的作用是当锁紧阀回位时，控制回位速度，以减小液压冲击。锁紧阀的作用是保证液压装载机在工作过程中发动机突然熄火后不出现摆头现象。

2. 铲斗系统子回路分析

（1）装载机铲斗上翻液压回路图（图4-40）及工作原理分析　当换向阀3.1右位接通时，油液从液压泵流向铲斗液压缸的无杆腔，装载机铲斗上翻。

（2）装载机铲斗下翻液压回路图（图4-41）及工作原理分析　当换向阀3.1左位接通时，油液从液压泵流向铲斗液压缸的有杆腔，装载机铲斗下翻。

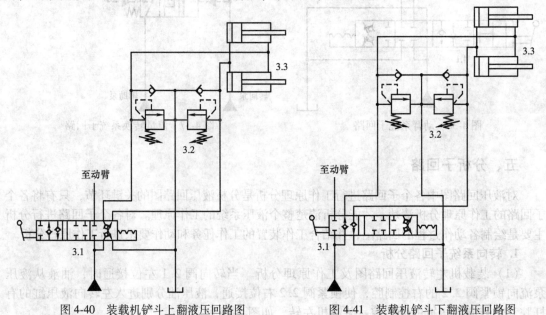

图4-40　装载机铲斗上翻液压回路图　　　　图4-41　装载机铲斗下翻液压回路图

3. 动臂系统子回路分析

（1）装载机动臂上升液压回路图（图4-42）及工作原理分析　当换向阀4.1右位接通时，油液从液压泵流向动臂液压缸的无杆腔，装载机动臂上升。

（2）装载机动臂下降液压回路图（图4-43）及工作原理分析　当换向阀4.1左位接通时，油液从液压泵流向动臂液压缸的有杆腔，装载机动臂下降。

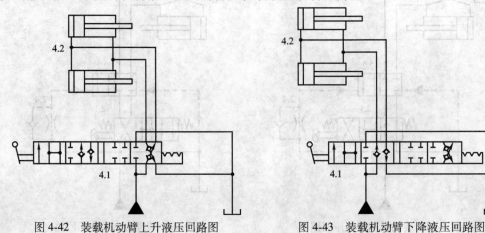

图4-42　装载机动臂上升液压回路图　　　　图4-43　装载机动臂下降液压回路图

（3）装载机动臂锁紧液压回路图（图4-44）及工作原理分析　当换向阀4.1中位接通时，油液从液压泵流回油箱，装载机动臂锁紧。

（4）装载机动臂浮动液压回路图（图4-45）及工作原理分析　当换向阀4.1左位接通时，油液从液压泵流向动臂液压缸的无杆腔和有杆腔，且与油箱相通，装载机动臂浮动，主要应用于装载机平推时，铲斗随地面高度自动调整。

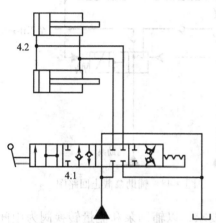
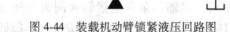
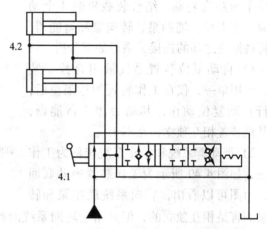

图4-44　装载机动臂锁紧液压回路图　　　　图4-45　装载机动臂浮动液压回路图

4. 流量转换系统子回路分析

第1种情况：当发动机转速低于600r/min时，阀芯位于左端位置，辅助泵和转向泵的流量全部进入转向油路，如图4-46所示为双泵合流回路图。

第2种情况：发动机转速由500r/min逐渐增加到1320r/min时，阀芯克服弹簧力，略向右移，此时辅助泵的油液分为2部分，分别向转向系统和工作系统供油，如图4-47所示为辅助泵分流回路。

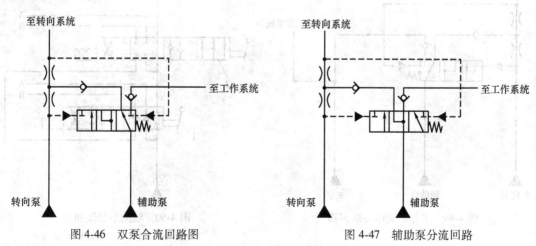

图4-46　双泵合流回路图　　　　　　　图4-47　辅助泵分流回路

第3种情况：随着发动机的转速进一步增加，当阀芯移向右端极限位置时，则隔断辅助泵油液流向转向油路，辅助泵油液全部进入工作装置油路，可使工作装置作业速度提高，如图4-48所示为辅助泵截止回路图。

六、分析子回路之间的连接关系

装载机液压系统各子回路的动作过程分析清楚后，再把各子回路合并起来，分析各子回路之间的连接关系。以转向系统子回路、铲斗系统子回路、动臂系统子回路和自动复位子回路为基础，结合装载机的 4 个动力源，即主泵、辅助泵、转向泵和蓄能器，现将各回路之间的连接关系做如下分析：

1）自动复位装置是气液组合控制装置，作用单一，仅在工作装置到达限位后，执行自动复位动作，其动力源为蓄能器，与其他装置相互独立，互不干扰。

2）把动臂系统和铲斗系统统称为工作系统，如图 4-49 所示为工作装置串并联回路，由图可以看出，转向系统就主泵和转

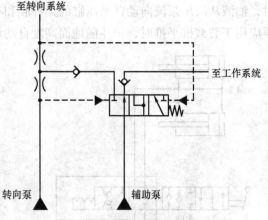

图 4-48　辅助泵截止回路图

向泵而言是相互独立的，但是由于转向系统的特殊要求，以辅助泵和流量转换阀为中间载体，转向系统和工作系统之间存在着流量分配关系，随着发动机转速的变化，流量转换阀处于不同的位置，流入转向系统和工作系统的油液也随之发生变化。

3）如图 4-50 所示为辅助泵分流回路，当铲斗换向阀 1 的左位接通时，进入动臂换向阀 2 的油液被切断（这是由装载机的工作任务要求决定的），因此动臂系统和铲斗系统之间的关系为串并联式，即顺序单动式。

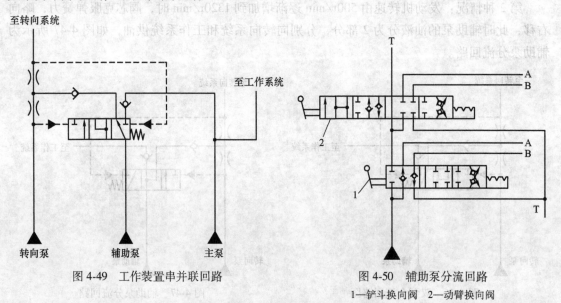

图 4-49　工作装置串并联回路

图 4-50　辅助泵分流回路
1—铲斗换向阀　2—动臂换向阀

通过采用初读元件→分析系统→对元件重新编号→划分子回路→分析子回路→分析子回路之间的连接关系 6 个步骤，基本上可以把装载机液压系统原理图分析清楚，无论是对其他较为复杂的液压系统原理图的分析与解读，还是液压装置的使用、维护及调整都能产生积极

的作用。

第四节 装载机电气控制原理

装载机电气设备是装载机的重要组成部分，它供给全车电源，保证发动机的起动、照明、检测及其他辅助电气装置的正常工作，对提高装载机的经济性、使用性和安全性起着重要作用。

通过调查统计，装载机工作中出现的故障，相当一部分发生在电气方面。从发展趋势来看，装载机越先进，电气技术越复杂，控制程度越高，对操作人员和维修人员的要求也越高。

一、充电部分

1. 蓄电池

装载机通常使用2块蓄电池串联，第1块蓄电池的负极与第2块蓄电池的正极相接，第2块蓄电池负极搭铁，第1块蓄电池正极接到电源总开关，合上电源总开关后即可向全车供电。

2. 发电机

硅整流交流发电机由发动机驱动，在发动机正常工作转速范围内，装载机上所有用电设备主要靠发电机供电，而且当蓄电池电量不足时，发电机负责向其充电，将多余的电能转换为化学能储存起来，以备下次使用。

3. 调节器

调节器用来调节发电机输出电压大小，具有自动调整发电机励磁电流大小，达到发电机输出电压稳定的功能。

二、起动部分

装载机的起动部分主要由点火开关、电源总开关和起动机等组成。起动时，将点火开关置于"ON"，电源总开关工作，再将点火开关置于"START"，起动机工作，带动发动机飞轮旋转。起动发动机时，起动时间不要超过10s；若需连续起动，则起动间隔应大于3min；严禁在发动机未完全停转时起动发动机。

三、照明信号部分

装载机配有前照灯、倒车信号灯、前工作灯、后工作灯、前转向灯、后转向灯、前示廓灯、后示廓灯、仪表灯和刹车灯等，以徐工LW300K型装载机为例，其灯泡规格见表4-1。

表4-1 徐工LW300K型装载机灯泡规格

序号	名　称	数量	灯泡规格	序号	名　称	数量	灯泡规格
1	前照灯	4	24V, 55/50W	5	倒车信号灯	2	24V, 21W
2	前、后工作灯	2	24V, 70W	6	顶灯	1	24V, 5W
3	前、后转向灯	4	24V, 21W	7	仪表灯	5	24V, 2W
4	后示廓灯、刹车灯	2	24V, 10/21W	8	前示廓灯	2	24V, 10W

四、监测显示部分

装载机仪表的作用是将正在工作的装载机重要部位的状态参数及时地显示给驾驶员，使驾驶员随时了解整机的运行情况，以便及时采取措施，防止发生人身和机械事故，保证车辆在良好的状态下工作。以徐工LW300K 型装载机为例，其仪表示意图如图 4-51 所示。

徐工 LW300K 型装载机共设置 6 块仪表：电压表、制动气压表、变矩器油温表、燃油油位表、发动机转速表和发动机水温表。

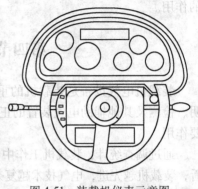

图 4-51　装载机仪表示意图

另外，部分装载机还设置报警指示灯组，适时进行左右转向、充电、低气压和低油压报警。

五、铲斗自动放平及动臂举升限位电气控制

1. 铲斗自动放平概述

铲斗自动放平包括接近开关、继电器、感应杆和先导电磁铁等元件。当感应杆靠近或离开接近开关时，接近开关间接地控制先导电磁铁通电或断电，从而实现铲斗的高位自动放平功能。

如图 4-52 所示为铲斗自动放平及动臂举升限位机构示意图，感应杆 1 装在铲斗液压缸活塞杆端部，接近开关 2 装在铲斗液压缸缸筒上，感应杆 1 的感应表面与接近开关 2 的感应表面之间存在一定的间隙。当铲斗处于卸料位置（即活塞杆处于缩进状态）时，感应杆 1 被接近开关 2 感应，先导阀内用于使铲斗保持收斗状态的电磁铁一直处于通电不吸合状态。此

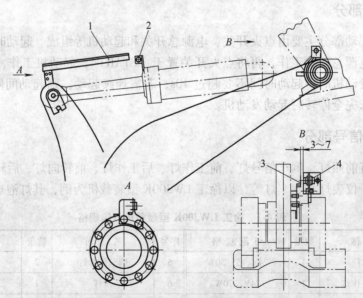

图 4-52　铲斗自动放平及动臂举升限位机构示意图

1—感应杆　2、4—接近开关　3—感应板

时，将先导阀的铲斗控制手柄推到收斗位置后放手，则电磁铁吸合，使铲斗保持收斗状态。当铲斗达到设定位置时，感应杆 1 和接近开关 2 分开，电磁铁瞬间断电，铲斗控制手柄在复位弹簧的作用下回到中位，电磁铁再恢复为通电不吸合状态。

2. 动臂举升限位概述

其功用是在动臂液压缸活塞即将达到最大行程时来限制动臂的最大举升高度。其工作原理是，将感应板 3 装在动臂侧板上，接近开关安装在前车架耳座上，感应板 3 的感应表面与接近开关 4 的感应表面之间存在一定的间隙。当动臂处于较低位置时，感应板 3 和接近开关 4 处于分开状态，先导阀内用于保持动臂处于提升状态的电磁铁一直处于通电不吸合状态。此时，将先导阀的动臂控制手柄推到提升位置后放手，则电磁铁吸合，使动臂不断上升。当动臂达到限定位置时，感应板 3 被接近开关 4 感应，电磁铁瞬间断电，动臂控制手柄在复位弹簧的作用下回到中位，电磁铁再恢复通电不吸合状态。

第五节 装载机液压与电气常见故障排除

一、液压系统常见故障排除

1. 转向液压系统常见的故障及排除方法（表 4-2）

表 4-2 转向液压系统常见的故障及排除方法

故障现象	产生原因	排除方法
转向费力	1. 油温太低 2. 先导油路连接不对 3. 先导油路堵塞 4. 转向泵压力低 5. 全液压转向器计量马达部分螺栓太紧	1. 升温后工作 2. 按规定油路连接管路 3. 清洗先导油路 4. 按规定调整溢流阀压力 5. 将螺栓放松
车子转到头后转向盘仍可转动	先导油路溢流阀出现故障	检修先导油路溢流阀
车子转向不平稳	流量控制阀动作不平稳	检修或更换流量控制阀
车子左右转向都慢	1. 流量控制阀的弹簧调整不对 2. 转向泵流量不足 3. 流量放大阀阀杆移动不到头	1. 按规定增减调整垫片 2. 检修或更换转向泵 3. 调整先导油路压力或更换弹簧
车子一边转向快一边转向慢	流量放大阀阀杆两端调整垫片个数不对	按规定调整阀杆垫片个数
转向阻力小时转向正常，转向阻力大时转向慢（左右转向一样）	1. 主油路溢流阀阀座渗漏大 2. 球形判别阀渗漏大 3. 流量控制阀与密封圈配合不对	1. 检修阀座或更换密封圈 2. 检修或更换阀及密封圈 3. 检修或更换流量控制阀或密封圈
转向阻力小时转向正常，转向阻力大时一边转向正常，另一边转向慢	球形判别阀一端渗漏小，另一端渗漏大	检修或更换球形判别阀，更换密封圈

（续）

故障现象	产生原因	排除方法
转动方向时车子不转向	1. 流量控制阀不动作 2. 先导油路溢流阀故障 3. 主油路溢流阀故障	1. 检修或更换流量控制阀 2. 检修先导油路溢流阀 3. 检修主油路溢流阀
驾驶员不操作，车子自转	1. 流量放大阀阀杆回不到中位 2. 流量放大阀固定螺栓太紧 3. 流量放大阀端盖螺栓太紧 4. 流量放大阀阀杆与孔配合不当	1. 检修阀杆和复位弹簧 2. 将螺栓放松 3. 将螺栓放松 4. 检修或更换阀杆
驾驶员不操作，转向盘自转	1. 全液压转向器阀套卡死 2. 全液压转向器弹簧片折断	1. 清除阀内异物 2. 更换弹簧片
车子高速行驶时转向太快	1. 流量控制阀调整不对 2. 流量放大阀阀杆动作不灵敏 3. 流量放大阀阀杆两端计量孔被堵或孔位置不对	1. 按规定调整垫片 2. 检修或更换阀杆 3. 清洗或更换阀杆
转向泵噪声大，转向缸活塞运动缓慢	1. 转向油路内有空气 2. 转向泵磨损，流量不足 3. 油黏度不够 4. 液压油不够 5. 主油路溢流阀调整压低 6. 转向缸内漏大	1. 加强泵吸油接头密封 2. 检修或更换转向泵 3. 按规定换油 4. 按规定加油 5. 按规定调整溢流阀压力 6. 检修液压缸或更换密封

2. 工作液压系统常见的故障及排除方法（表4-3）

表4-3　工作液压系统常见的故障及排除方法

故障现象	产生原因	排除方法
动臂提升力不足或转斗力不足	1. 液压缸油封磨损或损坏 2. 分配阀过度磨损，阀杆与阀体配合间隙超过规定值 3. 管路系统漏油 4. 工作泵严重内漏 5. 安全阀调整不当，系统压力偏低 6. 吸油管及滤油器堵塞	1. 更换油封 2. 拆检并修复，使间隙达到规定值或更换分配阀 3. 找出漏油处并予排除 4. 更换工作泵 5. 将系统工作压力调至规定值 6. 清洗滤油器并换油
发动机高转速时，转斗或动臂提升缓慢	双作用安全阀卡死	拆开双作用安全阀并检查
工作液压油与变速箱油混合	工作油泵的油封老化、破裂，造成变速箱油液与工作液压油互混	更换油封、清洗滤网，检查吸油管道是否出现变形或裂缝

二、电气系统常见故障排除

电气系统常见的故障及排除方法见表4-4。

表 4-4　电气系统常见的故障及排除方法

故障现象	产生原因	排除方法
柴油机起动困难或不能起动	1. 蓄电池损坏或充电不足 2. 吸力开关损坏 3. 起动机损坏 4. 线路接触不良或断路 5. 燃油油路或气路故障 6. 档位未置于中位 7. 熔丝断	1. 更换蓄电池或充足电 2. 检修或更换吸力开关 3. 检修或更换起动机 4. 检查维修起动线路 5. 检修燃油油路或气路 6. 将档位置于中位 7. 更换熔丝
起动机经常烧坏	1. 起动电路中钥匙开关不能有效回位 2. 起动电机接触盘触点有粘连现象，不能顺利脱开 3. 起动线路有短路存在	1. 检修或更换钥匙开关 2. 维修触点 3. 检修起动线路
仪表指示不正常	1. 接线松动、脱落 2. 传感器坏 3. 仪表坏	1. 检修接线，连接要可靠 2. 更换配套传感器 3. 更换同种型号仪表
报警器鸣叫不止	1. 接线松动、脱落 2. 制动气压低 3. 报警器坏 4. 压力传感器坏	1. 检修接线，连接要可靠 2. 检查气路 3. 检修或更换报警器 4. 更换压力传感器
灯不亮	1. 熔丝断 2. 灯丝烧坏 3. 接线松动、脱落	1. 更换熔丝 2. 更换灯泡 3. 检修接线，连接要可靠
发电机不发电或充电电流不稳定	1. 充电接线断开或脱落 2. 充电保险断 3. 硅整流二极管烧坏 4. 电刷卡死或滑环接触不良 5. 发电机定子、转子绕组断路或短路 6. 传动带太松 7. 发动机搭铁线松动	1. 检修接线 2. 更换保险 3. 更换二极管 4. 检查维修电刷和滑环 5. 更换发电机 6. 调整传动带 7. 重新拧紧接线

复习思考题

1. 简述装载机由哪些部分组成。
2. 装载机传动系统的功用是什么？
3. 列举装载机常用的液压元件有哪些。
4. 试述装载机手动式多路换向阀的结构及工作原理。
5. 简述单稳阀的结构与工作原理。

6. 简述全液压转向器的结构组成。

7. 根据图 4-26 描述机械操纵型液压系统工作原理。

8. 简述解读液压系统原理图的 6 个步骤。

9. 简述装载机液压系统的工作要求。

10. 根据图 4-52 描述铲斗自动放平及动臂举升限位的电气控制原理。

第五章

挖掘机液电控制技术

第一节　认识挖掘机

一、挖掘机的用途、分类及工作内容

1. 挖掘机的用途

挖掘机是一种多用途土石方施工机械。它是用铲斗上的斗齿切削土壤并装入斗内，装满土后提升铲斗并回转到卸土地点卸土，然后再使转台回转、铲斗下降到挖掘面，进行下一次挖掘。其主要应用是进行土石方挖掘、装载，还可进行土地平整、修坡、吊装、破碎、拆迁和开沟等作业，因此在公路、铁路等道路施工、桥梁建设、城市建设、机场港口建设及水利施工中得到了广泛应用。据统计，工程施工中约60%的土石方量是靠挖掘机完成的。此外，挖掘机更换工作装置后还可进行浇筑、起重、安装、打桩、夯土和拔桩等作业。

2. 挖掘机的分类

1）按作业过程分为单斗挖掘机（周期作业）和多斗挖掘机（连续作业）。

2）按用途分为建筑型（通用型）和采矿型（专用型）。

3）按动力分为电动、内燃机和混合型。

4）按传动方式分为机械、液压和混合型。

5）按行走方式分为履带式和轮胎式。

6）按工作装置分为正铲、反铲、拉铲、抓铲和吊装。

3. 液压挖掘机主要工作内容

（1）挖掘工作　适合挖掘比机器低的位置，如图5-1、图5-2所示为挖掘工作示意图。

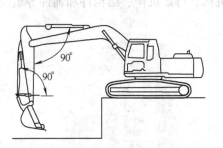

图 5-1　挖掘工作示意图（一）

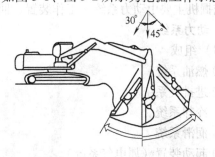

图 5-2　挖掘工作示意图（二）

当铲斗液压缸和连杆及斗杆液压缸和斗杆之间的角度呈 90°时，可获得由各液压缸产生

的最大推力。挖掘时有效地采用该角度可获得最佳工作效率。

挖掘范围是斗杆从离开机器 45°角到朝向机器 30°角。根据挖掘深度其挖掘范围有些不同。

（2）挖沟工作　安装与挖掘作业要求匹配的铲斗，并使履带与要挖沟的边线平行，可高效地进行挖沟作业。要挖宽沟时，先挖出两侧，最后挖去中间部分，如图5-3所示为挖沟工作示意图。

（3）装载工作　装载作业时，回转角度较小、自卸车停在驾驶员容易看到的地方，可提高工作效率。从自卸车车体前面开始装，比从侧面开始装更方便且装载量更大，如图5-4所示为装载工作示意图。

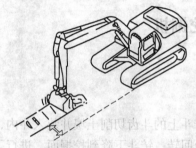
图 5-3　挖沟工作示意图

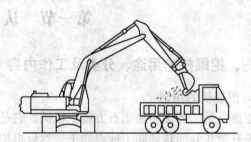
图 5-4　装载工作示意图

（4）平整工作　如图5-5所示为平整工作示意图，当需要进行平整作业时，略前于垂直位置放置斗杆，并使铲斗转向后方，缓慢升高动臂的同时，操作斗杆收入功能，一旦斗杆移至垂直位置，便缓慢地降低动臂，使铲斗保持稳定的平面运动。同时操作动臂、斗杆和铲斗，可使平整作业操作更加精确。

（5）其他工作　通过安装破碎装置，可进行破碎作业。

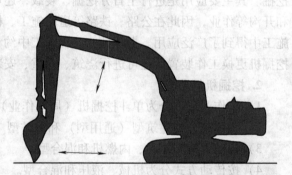
图 5-5　平整工作示意图

二、挖掘机的结构与功能

挖掘机主要由动力系统、工作装置、回转机构、行走机构、结构件和辅件等组成。

1. 动力系统

（1）组成

① 燃油系统。

② 进排气系统。

③ 冷却系统。

④ 润滑系统。

⑤ 起动装置（属电气系统）。

（2）作用　是通过燃烧（压燃）油液（柴油）将其所产生的热能转化为机械能并为施工设备提供动力的一种装置。为适应工作条件复杂、恶劣，负荷变化大和因工作阻力大而造成运行速度变化大等特点，要求柴油机具备如下条件：

① 储备率大，约为10%。

② 扭矩大、转速低（额定转速一般在1500~2000r/min，适应性系数为1.30~1.70）。

③ 扭矩储备系数范围大，为 1.15 ~ 1.25，甚至为 1.30。

2. 工作装置

（1）组成　由动臂、斗杆、铲斗、连杆、摇杆和4（3）个液压缸等组成连杆机构。

（2）作用　实现挖掘土石方的基本构件。

如图5-6所示为工作装置的布置。其中铲斗、连杆、摇杆、斗杆、动臂和液压缸通过销轴联接，通过液压缸的伸缩实现各种作业，铲斗为基本作业机具。通过铲斗、斗杆液压缸的作用，使得铲斗上的楔行斗齿对原始土壤进行破坏而实现挖掘功能。

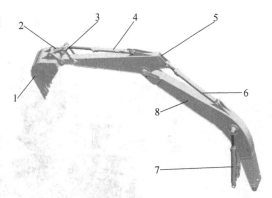

图5-6　工作装置的布置

1—铲斗　2—连杆　3—摇杆　4—铲斗液压缸
5—斗杆　6—斗杆液压缸　7—动臂液压缸　8—动臂

3. 回转机构

（1）组成　由回转减速机总成和回转支承组成。

（2）作用　实现被挖物料的转移。

回转机构安装布置示意图如图5-7所示。其中，回转支承的内圈固定在底盘上，外圈固定在转台上，回转减速机安装在转台上且输出小齿轮与回转内齿圈啮合；当回转减速机输出小齿轮在回转支承的内齿圈滚动时，即带动转台及回转支承外圈在固定的钢球轨道上转动，从而实现回转功能，即实现被挖土壤的转移。

安装与齿轮啮合示意图如图5-8所示。

回转马达如图5-9所示。

由于整体基础工业发展的限制，目前回转马达几乎均采用高转速、小扭矩方案。因此便有了回转减速机的减速增扭作用。回转支承的产生，不仅实现了转台大于360°以上

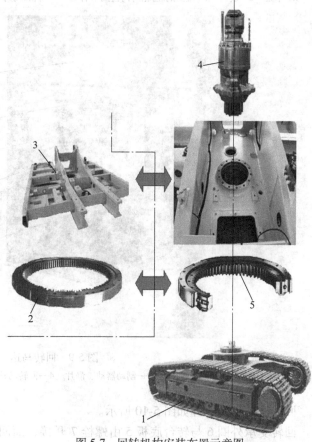

图5-7　回转机构安装布置示意图

1—下车　2、5—回转支承　3—转台　4—回转减速机

的连续回转，更重要的是再次实现了回转减速与增扭。

图5-8　安装与齿轮啮合示意图

1—车架　2—转台　3—输出小齿轮与内齿圈啮合处　4—转台与外齿圈紧固螺栓　5—车架与内齿圈紧固螺栓

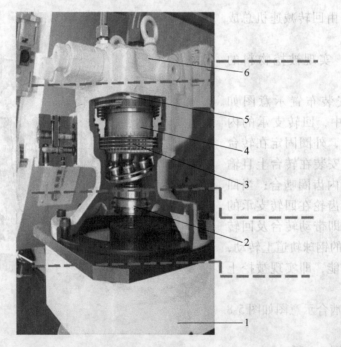

图 5-9　回转马达

1—回转减速机　2——级太阳轮　3—制动器动、静片　4—回转马达　5—活塞、压簧与压盘　6—液压回转回路

回转机构工作原理如图 5-10 所示。

回转支承外圈 6 与转台底板 5 由螺栓 7 联接，而回转支承内齿圈 3 与车架 9 通过螺栓 8 联接，螺栓 2 又将回转减速机紧固在转台底板 5 上并使输出小齿轮 10 与回转支承内齿圈 3

啮合。这样挖掘机的上车（部）与下车（部）就联接在一起。当输出小齿轮 10 在内齿圈 3 上滚动时，带动转台实现旋转。

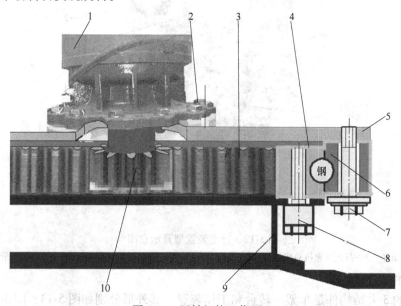

图 5-10　回转机构工作原理

1—回转减速机　2、7、8—螺栓　3—内齿圈　4—回转支撑截面　5—转台底板
6—外圈　9—车架　10—输出小齿轮

4. 行走机构

（1）组成　由行走减速机、四轮一带（托链轮、支重轮、导向轮、驱动轮和履带板总成）及张紧装置组成，如图 5-11 所示为行走机构图，图 5-12 所示为行走装置展开示意图。

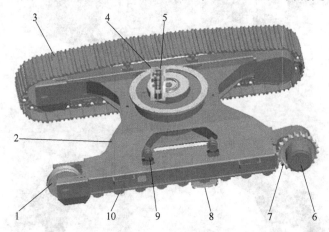

图 5-11　行走机构图

1—导向轮及张紧装置　2—车架　3—履带　4—回转支承安装座　5—中心回转体
6—行走马达　7—驱动轮　8—夹轨器　9—托链轮　10—支重轮

（2）作用　实现挖掘机施工地点的短距离转移。

通过行走马达驱动行走减速机，带动驱动轮旋转，驱动轮通过驱动齿带动履带上的链轨节实现行走。行走机构内的张紧装置起调节履带板松紧度的作用。

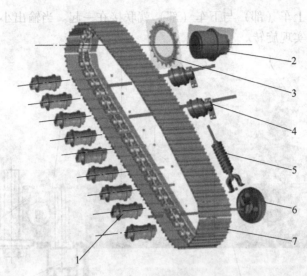

图 5-12　行走装置展开示意图

1—支重轮　2—行走减速机总成　3—驱动轮　4—托链轮　5—张紧装置　6—导向轮　7—履带总成

5. 结构件

挖掘机的 3 大结构件是车架、转台和工作装置，其外形分别如图 5-13、图 5-14、图 5-15 所示。

图 5-13　车架外形图

图 5-14　转台外形图

（1）组成　由钢制板材焊接组成。

（2）作用　除承载挖掘机自身及所有零部件的重量外，还承受作业时来自于外部的静态载荷与动态载荷。

a) 斗杆

b) 动臂

图 5-15　工作装置外形图

6. 辅件

（1）组成　驾驶室、制冷系统、暖风装置、收音机、覆盖件和配重等。

（2）作用　对挖掘机起辅助作用。

1）GPS 定位最初是为了满足商务需求，目前具有远程传输静、动态数据，监控描述挖掘机现状的作用。

2）制冷系统、暖风装置、驾驶室和收音机是现代设计理念人性化的具体体现，其作用是为驾驶员提供良好的操作环境。

3）覆盖件的作用是满足商务卖点需求。

第二节　挖掘机液压控制原理

一、挖掘机液压系统组成

液压挖掘机的主要动作有整机行走（前进和后退）、转台左右回转、动臂升降、斗杆外伸与挖掘、铲斗装土和卸载等，根据这些工作要求，把各液压元件用管路有序地连接起来，形成完整的液压系统，它把发动机的机械能以油液为工作介质，由液压泵转化为液压能，传送给液压缸、液压马达等执行元件，再转变为机械能，传送到执行机构，完成所需的各种动作，其工作原理如图 5-16 所示。

从上面的挖掘机液压系统的原理图可得出以下结论：任何一个液压系统都是由动力元件、执行元件、控制元件、辅助元件和工作介质 5 个部分组成的。

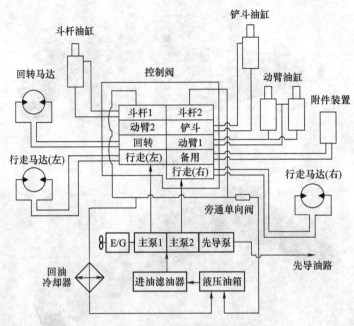

图 5-16　挖掘机液压系统原理图

1. 动力元件（液压泵）

液压泵是将原动机（常用的有人力机构、电动机和内燃机等）所提供的机械能转变为工作液体的液压能的机械装置。先导控制挖掘机的主泵一般为三联液压泵，其外形图如图 5-17 所示，内部结构示意图如图 5-18 所示，工作原理图如图 5-19 所示。

图 5-17　挖掘机三联液压泵外形图

（1）组成　以川崎液压泵为例，即由 2 个斜盘式变量柱塞泵 1、5 及对应两个功率调节器和一个先导泵 2（定量齿轮泵或称控制泵）组成。

（2）作用　液压泵通过弹性联接盘直接将获得的发动机输出的机械能转变为液压能。

2. 执行元件（液压缸和马达）

将液压泵所提供的工作液体的液压能转变为机械能的机械装置，称为液压执行元件。作直线往复运动的元件称为液压缸；作连续旋转运动的元件则称为液压马达。

（1）回转马达　液压马达经齿轮减速箱带动回转小齿轮绕回转支承上的固定齿圈滚

图 5-18 挖掘机三联液压泵内部结构示意图

1、2、5—泵 3、4—功率调节器

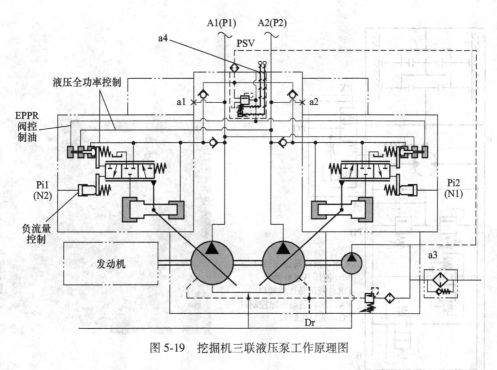

图 5-19 挖掘机三联液压泵工作原理图

动,带动转台回转,其内部结构示意图、外形图及工作原理图如图 5-20、图 5-21、图 5-22 所示。

(2)行走马达 行走马达利用液压泵输出的高压油作高速旋转运动,驱动减速机,然后带动驱动轮和履带一起旋转,可实现挖掘机的行走,其外形图和工作原理图如图 5-23、图 5-24 所示。

(3)液压缸 液压缸是液压传动系统中实现往复运动和小于 360°回摆运动的液压执行

元件。挖掘机的工作机构（动臂的升降、斗杆和铲斗的挖掘与卸载）都是利用液压缸的直线往复运动来实现的，如图 5-25 所示为液压缸外形图及内部结构图。

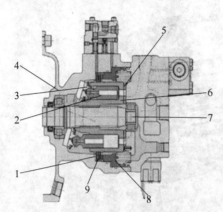

图 5-20　回转马达内部结构示意图

图 5-21　回转马达外形图

1—分离片　2—柱塞　3—滑靴　4—壳体　5—配油盘
6—缸体　7—驱动轴　8—制动活塞　9—摩擦片

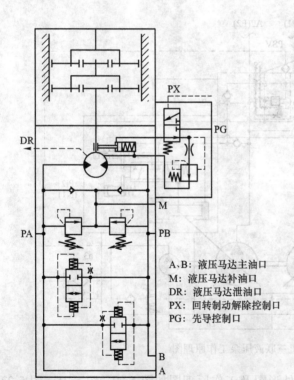

A、B：液压马达主油口
M：液压马达补油口
DR：液压马达泄油口
PX：回转制动解除控制口
PG：先导控制口

图 5-22　回转马达工作原理图

图 5-23　行走马达外形图

3. 控制元件（控制阀）

对液压系统的压力、流量和液流方向进行控制或调节的元件。

（1）主控制阀　挖掘机主控制阀的功能是控制液压油路里的油压、流量和液流方向。主控制阀的控制方式为液压先导控制，其结构图及外形图如图 5-26、图 5-27 所示。

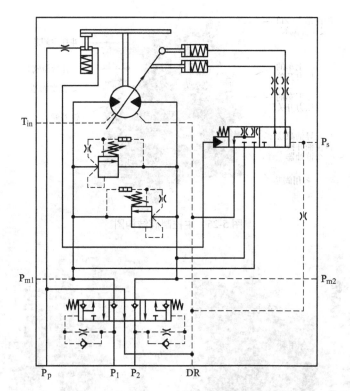

图 5-24　行走马达工作原理图

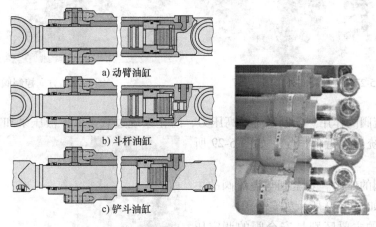

a) 动臂油缸

b) 斗杆油缸

c) 铲斗油缸

图 5-25　液压缸外形图及内部结构图

各组成元件的作用分述如下：

1）方向控制阀的组成与作用。如图 5-28 所示为方向控制阀。

① 组成。方向控制阀主要由阀芯（滑阀）、复位弹簧和阀套组成。

② 作用。对液流方向（动作方向）进行控制。

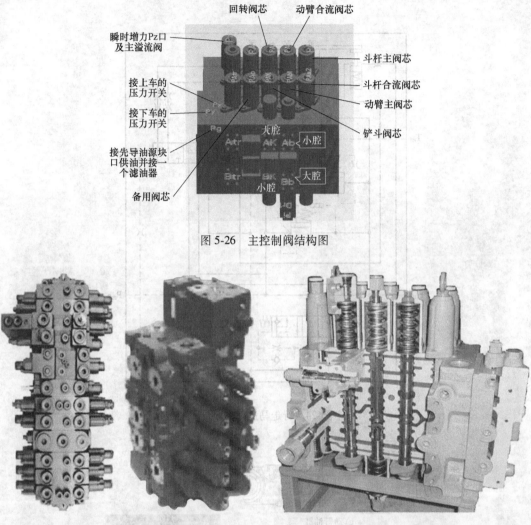

图 5-26　主控制阀结构图

图 5-27　主控制阀外形图　　　　　图 5-28　方向控制阀

2）主溢流阀的作用。限制系统最高压力，防止系统过载，保护液压泵和其他元件不致损坏；维持系统压力近似恒定。如图 5-29 所示为主溢流阀。

3）安全阀的作用。安全阀与溢流阀的主要作用相同，如图 5-30 所示为安全阀。

它们之间的主要区别是安全阀的调定压力（设定压力）要高于溢流阀的调定压力（设定压力）；安全阀不经常工作，而溢流阀经常工作；安全阀的布置相对溢流阀而言更接近于执行元件；安全阀主要是在系统压力阶跃时间短或受外界负载冲击较大时才起作用。

图 5-29　主溢流阀

图 5-30 安全阀

（2）先导控制阀 先导控制阀由 4 个减压阀装在同一个壳体内组成，其输出压力通过调整手柄的倾斜角度来控制。先导控制阀用于控制阀柱移动的先导液压油，其工作原理示意图如图 5-31 所示。

4. 辅助元件

除上述 3 部分以外的其他元件，如液压系统中的油箱、油管、管接头、压力表、过滤器和冷却器等均为辅助元件，它们对保证系统的正常工作也有重要作用。

5. 工作介质（液压油）

液压油就是利用液体压力能的液压系统使用的

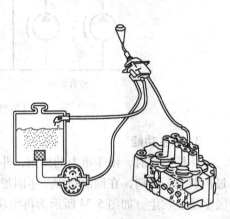

图 5-31 先导控制阀工作原理示意图

液压介质，在液压系统中起着能量传递、系统润滑、防腐、防锈和冷却等作用。对于液压油来说，由于油的黏度变化直接与液压动作、传递效率和传递精度有关，因此应满足液压装置在工作温度下与起动温度下对液压油黏度的要求，还要求油的黏温性和剪切安定性满足不同用途所提出的各种需求。

二、挖掘机基本液压控制技术

1. 负流量控制系统

主阀中位有回油时，通过负反馈阀组的节流孔，使油液在节流孔前后产生压力差，将节流孔前的压力引至泵调节器来控制泵的排量。

空载时通过节流孔的流量最大，则节流孔前后的压差最大，负反馈压力最大，可达 5MPa；手柄行程最大时，主阀阀芯行程最大，通过节流孔的流量最小，负反馈压力接近 0MPa，如图 5-32 所示为负流量控制系统工作原理图。

2. 合流功能

动臂提升、斗杆内收及外摆动作时，由于需要流量较大，需要 2 个泵同时为单独动作供油，通过阀内

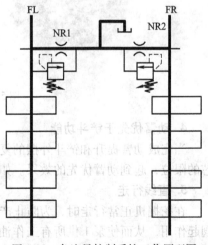

图 5-32 负流量控制系统工作原理图

连通的方式进行合流。大型挖掘机铲斗内收时需用流量较大，常采用阀外合流的方式提高速度，如图 5-33 所示为合流功能工作原理图。

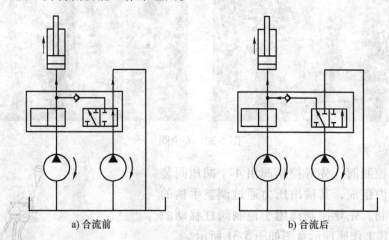

图 5-33　合流功能工作原理图

3. 再生功能

斗杆内收时，由于重力的作用，斗杆大腔压力降低，甚至产生负压，当接近负压时，通过控制阀芯换向，在回油路中产生阻尼，使液压油通过阀芯内部由小腔直接流入大腔，避免吸空现象发生。如图 5-34 所示为再生功能工作原理图。

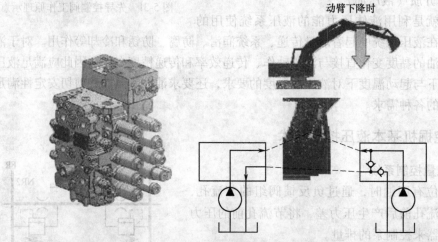

图 5-34　再生功能工作原理图

4. 动臂优先于铲斗功能

当完成动臂提升和铲斗外摆的复合动作时，为了提高复合动作效率，增加一个对铲斗阀芯的限位，起到动臂优先的效果。如图 5-35 所示为动臂优先功能工作原理图。

5. 直线行走

在挖掘机正常行走时，为防止产生跑偏现象，会通过内部控制油路的切断，使直线行走阀起作用，从而使泵 1 供所有工作油路，泵 2 供行走油路。如图 5-36 所示为直线行走功能工作原理图。

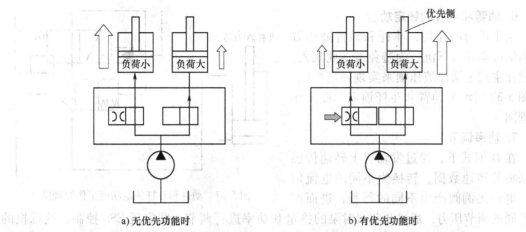

a) 无优先功能时 b) 有优先功能时

图 5-35　动臂优先功能工作原理图

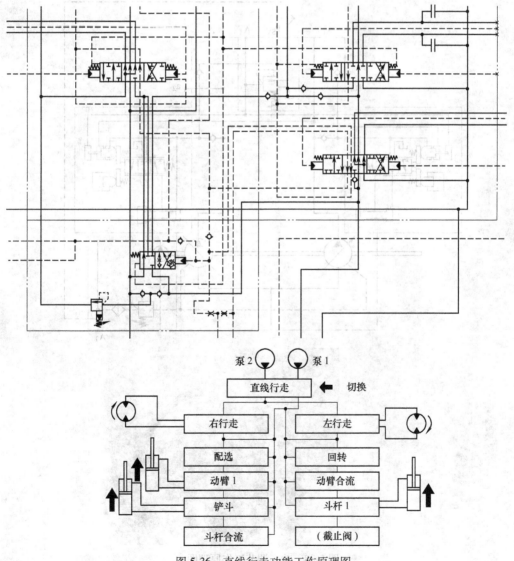

图 5-36　直线行走功能工作原理图

6. 动臂和斗杆的锁定功能

由于重力的作用，斗杆和动臂液压缸的内泄可能导致下沉，为避免发生此现象，通过在主阀上增加液压锁来实现锁定功能。如图 5-37 所示为动臂和斗杆锁定功能工作原理图。

7. 功率调节

在 H 模式下，通过发动机上转速传感器采集的转速数据，转换为不同的电流信号，电磁比例阀产生不同的行程，进而产

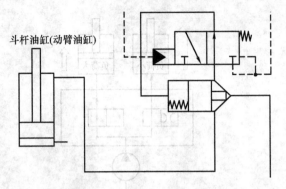

图 5-37　动臂和斗杆锁定功能工作原理图

生不同的调节压力，通过调节器对泵的排量和功率进行调节，即实现 ESS 控制。挖掘机的 L、S、H 模式也是通过改变它的电流来实现的，如图 5-38 所示为功率调节工作原理图。

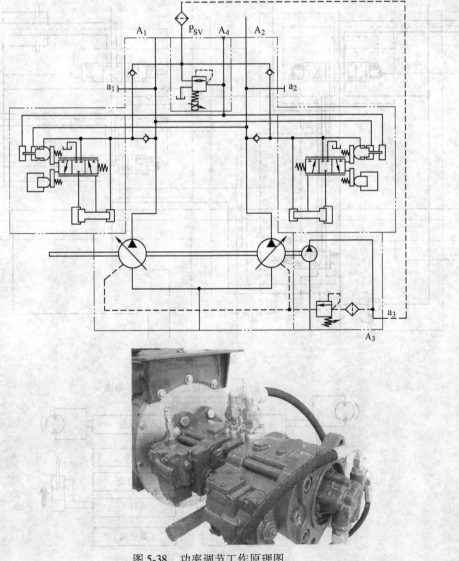

图 5-38　功率调节工作原理图

8. 自动怠速取消

当挖掘机没有任何动作的时间达 3s 后，上车及下车压力开关没有信号，则控制器使发动机进入怠速模式，当挖掘机动作时，上车或下车压力开关得到信号，怠速状态自动取消。如图 5-39 所示为自动怠速控制图。

9. 瞬时增力、高低速和安全锁功能

操作右手柄按钮或者行走动作时，会产生压力控制信号，使控制阀主溢流阀压力升高到 34.3MPa，起到增力的效果。如图 5-40 所示为瞬时增力控制图。

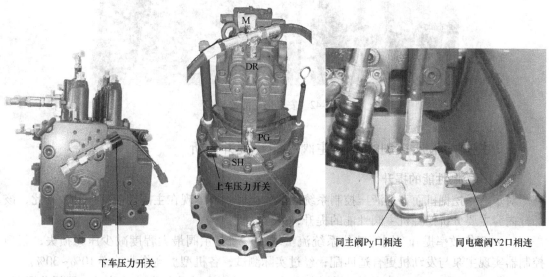

图 5-39　自动怠速控制图　　　　　图 5-40　瞬时增力控制图

显示器中高低速选择按钮可控制电磁阀通断，实现对行走马达排量的控制，从而实现高低速的选择。如图 5-41 所示为高低速选择控制图。

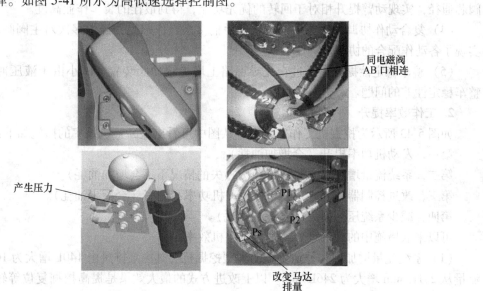

图 5-41　高低速选择控制图

安全手柄同电磁阀连接，当操作安全手柄时，电磁阀得电，压力油流出，先导操纵阀才能起作用。如图 5-42 所示为安全锁功能控制图。

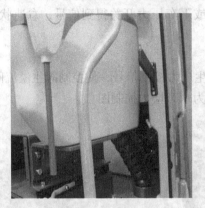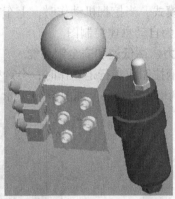

图 5-42　安全锁功能控制图

三、挖掘机液压控制性能（主阀性能）提升分析

1. 主阀控制性能的提升

对于液压挖掘机而言，液压控制系统性能的提升主要体现在主阀性能的提升，因此，该部分内容主要分析挖掘机主阀性能的提升，内容如下：

（1）工作效率提升　同等吨位系统流量增大；新型主阀最大程度减少压力损失；新型控制器实现主泵与发动机更合适匹配；经过实际测试，各机型提高作业效率 10%~30%。

（2）平地性能提升　主阀内置新型 BP 阀，通过多次试验的方法确定 BP 阀阀芯通径，实现更佳的平地效果。

（3）装车作业高度改善　增加安装回转逻辑阀，通过多次试验的方法确定回转逻辑阀阀芯通径，实现动臂提升相对于回转的优先功能，得到最佳的装车作业高度。

（4）复合动作协调性改善　通过操作手柄多次操作感受，经过多次对主阀阀芯的改进，实现了各动作配合的协调。

（5）整车稳定性提升　通过在先导油路上增加缓冲阀装置，减小由于液压冲击引起的整车稳定性差的问题。

2. 工作效率提升

如图 5-43 所示为挖掘机工作原理图，从图中可看出提高整机效率的措施如下：

第一，发动机功率提升（会增加油耗）。

第二，系统流量增加（在解决好压力损失的情况下不会增加油耗）。

第三，改进控制器控制方式，增加发动机功率利用率（会减少油耗）。

第四，减少系统压力损失（会减少油耗）。

可以采取措施中的后三种方式来提升整机效率。

（1）系统流量增加　某公司生产的大型挖掘机，其主泵排量由 140L 增大为 160L，系统流量从 231L/min 增大为 246L/min。以上改进方式的最大效果是提高挖掘复位等轻载作业速度，从而提高整机的挖掘效率。

（2）改进控制器控制方式，增加发动机功率利用率　控制器升级后，通过多次试验测

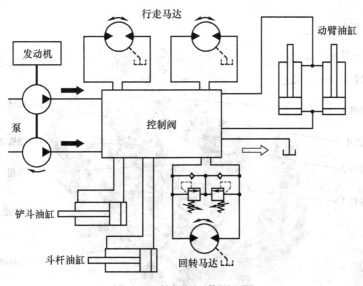

图 5-43　挖掘机工作原理图

试的方式确定最终程序，实现最优的效率和油耗组合。最大的作用是可以提高中度及重度负载作业效率。

（3）减少系统压力损失　以某公司生产的挖掘机为例，其采用川崎公司新型 KMX15RA 型、KMX15RB 型及 KMX32N 型主阀，最大限度地减少压力损失。优化外部管路设计，采用大弧度、流线型的管路走向，减少管路压力损失，保证主泵的功率最大程度上应用到作业中，减少系统功率损失。该方法可以在所有作业模式中提高作业效率。如图 5-44、图 5-45、图 5-46 所示分别为 KMX15RB 型主阀、KMX32N 型主阀和 KMX15RA 型主阀。

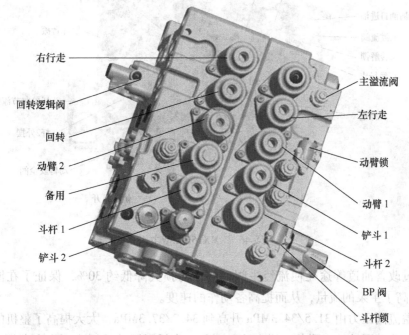

图 5-44　KMX15RB 型主阀

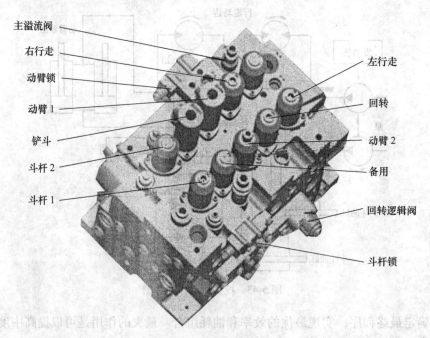

图 5-45   KMX32N 型主阀

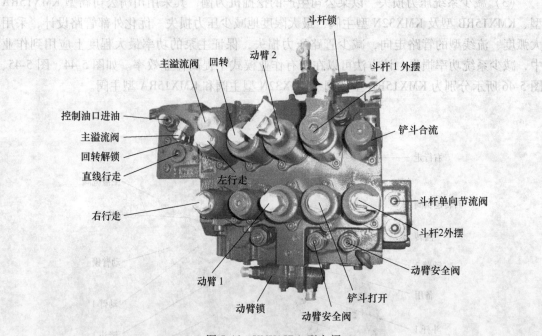

图 5-46   KMX15RA 型主阀

1）通过改善油道等途径使流经主阀时的压力损失降低约 30%，保证了在同样的工况下，大大提高了主泵的流量，从而提高各动作的速度。

2）主溢流阀压力由 31.5/34.3MPa 升高到 34.3/37.3MPa，大大提高了整机的挖掘力。

3）通过改善回油油口形状，增大油口面积，降低了回油的压力损失和背压，减少产热量，提高了散热量，改善了热平衡效果。

4）铲斗内收动作时的合流由外部合流改为内部合流，减少了外部配管的安装，同时降低了压力损失。

5）通过对动臂主阀阀芯的改造，实现了动臂下降的再生功能，动臂下降的速度会提高接近30%，在复合动作时将会体现更加明显。

6）增加了回转逻辑阀，在完成动臂和回转复合动作时，动臂提升高度增加，从而大大地提高了装车作业的效率。

7）回转和斗杆复合动作时的回转优先功能，改变了以前主阀中只有回转优先于斗杆内收的功能，提高了复合动作的效率。

8）通过换向阀的增加，使动臂提升和斗杆复合动作时可以根据操作手柄行程的不同实现对斗杆、动臂提升的流量分配，改变以往此种复合动作时流量分配的单一性，从而大大改进平地效果。

9）通过对行走主阀阀芯的改进，使行走动作时的怠速取消更加迅速。

3. 平地性能提升

（1）KMX15RA 型主阀　如图 5-47 所示为 KMX15RA 型主阀，平地作业时靠节流孔的作用分配动臂大腔和斗杆大腔的油液，保证具有较好的平地效果。

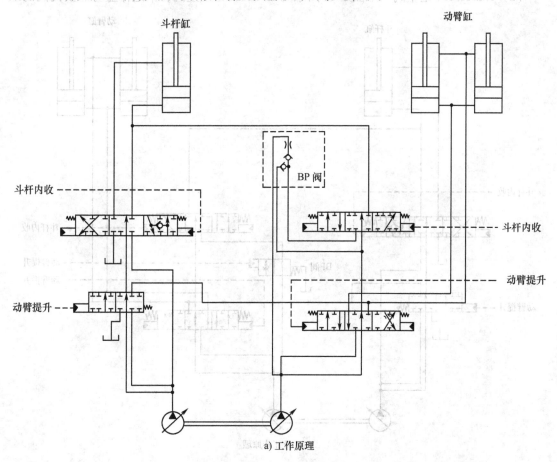

a) 工作原理

图 5-47　KMX15RA 型主阀

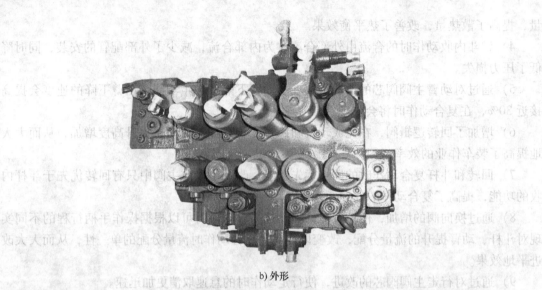

b) 外形

图 5-47　KMX15RA 型主阀（续）

缺点：节流孔面积恒定，操作手柄调节费力，操作不舒适，平地性能较差。

（2）KMX15RB 型主阀　如图 5-48 所示为 KMX15RB 型主阀，平地作业时靠换向阀的节

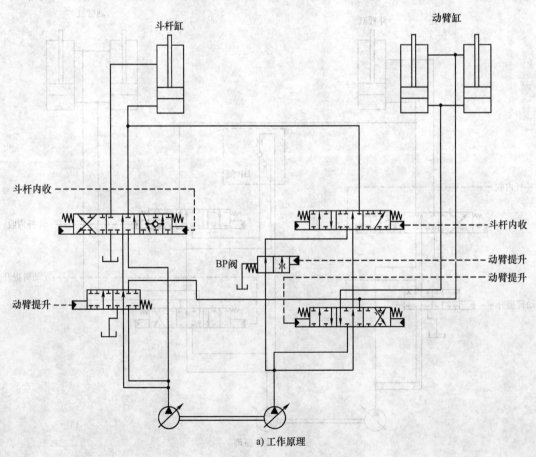

a) 工作原理

图 5-48　KMX15RB 型主阀

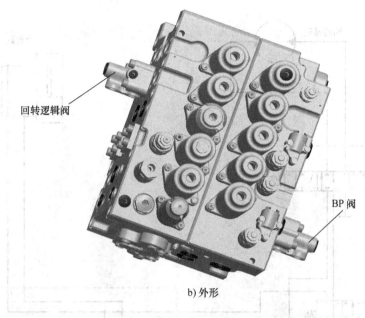

b) 外形

图 5-48　KMX15RB 型主阀（续）

流孔作用分配动臂大腔和斗杆大腔的油液，保证具有较好的平地效果。

优点：节流孔面积受操作手柄控制，具有良好的操作性，保证整机平地性能良好。

另一种形式 BP 阀左位节流，BP 阀控制油口为接动臂下降，即正常作业时节流，动臂下降时不节流。

4. 装车作业高度改善

KMX15RA 型主阀没有相关解决措施。KMX15RB 型主阀采用安装回转逻辑阀，解决装车作业高度低的问题，通过内部增加带节流孔的换向阀，实现动臂提升和回转复合作业时，动臂相对于回转动作的优先功能，如图 5-49 所示为 KMX15RB 型主阀解决装车作业高度工作原理图。

优点：具有良好的装车作业性能和可调节性能。

5. 复合动作协调性改善

通过操作手的实地挖掘测试，三动作复合和四动作复合等动作，改善阀芯的进油及回油开口形式，使各复合动作实现最佳匹配。下面以回转优先于斗杆功能为例介绍。

（1）KMX15RA 型主阀　当斗杆外摆和回转同时动作时，通过在控制油路上增加一个梭阀，将操作回转时的先导油连接到斗杆阀芯端部限位液压缸处，进而实现对斗杆阀芯的限位，来实现回转优先的功能。如图 5-50 所示为 KMX15RA 型主阀的回转优先控制原理图。

（2）KMX15RB 型主阀　回转手柄通过控制换向阀进行换向，在斗杆动作前面增加节流孔，减小流入斗杆液压缸的油液，可实现回转优先功能。如图 5-51 所示为 KMX15RB 型主阀的回转优先控制原理图。

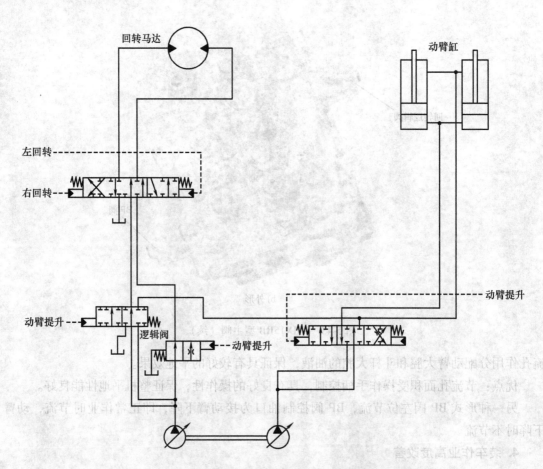

图 5-49　KMX15RB 型主阀解决装车作业高度工作原理图

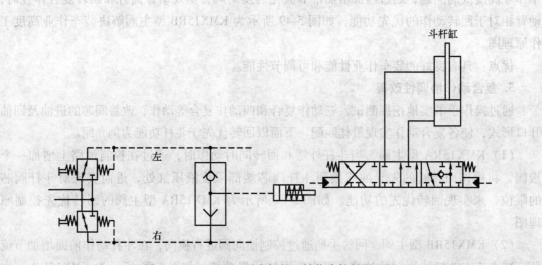

图 5-50　KMX15RA 型主阀的回转优先控制原理图

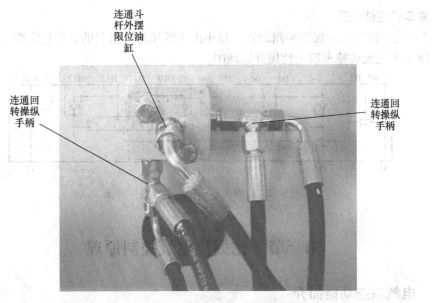

图 5-50 KMX15RA 型主阀的回转优先控制原理图（续）

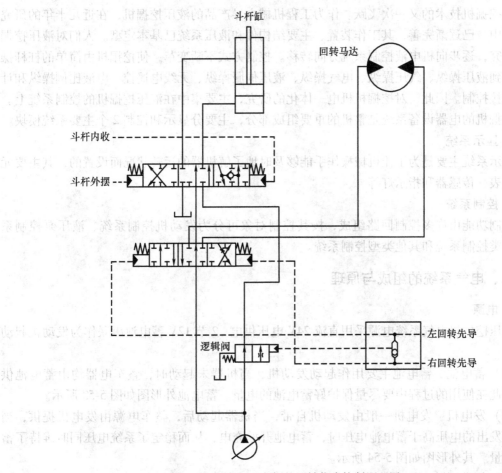

图 5-51 KMX15RB 型主阀的回转优先控制原理图

6. 整车稳定性提升

通过在先导油路上增加缓冲阀装置，减小由于液压冲击引起的整车稳定性差的问题。如图 5-52 所示为挖掘机整车稳定性提升原理图。

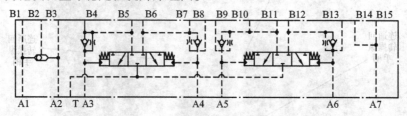

图 5-52　挖掘机整车稳定性提升原理图

第三节　挖掘机电气控制原理

一、电气系统功能简介

机电一体化是液压挖掘机的主要发展方向，其最终目的是机器人化，实现全自动运转，这将是挖掘机技术的又一次飞跃。作为工程机械主导产品的液压挖掘机，在近几十年的研究和发展中，已逐渐完善，其工作装置、主要结构件和液压系统已基本定型。人们对液压挖掘机的研究，逐步向机电液控制系统方向转移。控制方式不断变革，使挖掘机由简单的杠杆操纵发展到液压操纵、气压操纵、电气操纵、液压伺服操纵、无线电遥控、电液比例操纵和计算机直接控制。因此，对挖掘机机电一体化的研究，主要集中在液压挖掘机的控制系统上。

挖掘机的电器设备系统是整机的重要组成部分，主要分显示和控制 2 个主要系统模块。

1. 显示系统

显示系统主要是为了让机械操作手能够及时地了解机器的运转状况而设置的，其主要元件为仪表、传感器和指示灯等。

2. 控制系统

控制功能由许多控制回路组成，按其控制对象可分为发动机控制系统、液压泵控制系统、阀类控制系统和其他类型控制系统。

二、电气系统的组成与原理

1. 电源

液压挖掘机电气系统电源采用直流 24V 电压供电，2 节 12V 蓄电池串联作为发动机起动电源。

（1）蓄电池　蓄电池主要用作起动发动机，当机器未起动时，整车电器均由蓄电池供电，因此在使用的过程中要尽量保护好蓄电池的电量。蓄电池外形图如图 5-53 所示。

（2）发电机　发电机一般由发动机自带，当机器起动后，整车电源由发电机提供，当发电机发出的电压高于蓄电池电压时，蓄电池开始充电，从而稳定了系统电压同时维持了蓄电池电量。其外形图如图 5-54 所示。

（3）钥匙开关　钥匙开关主要用于控制整车电路通电、预热和起动发动机。钥匙开关工作原理图如图 5-55 所示。

图 5-53　蓄电池外形图

图 5-54　发电机外形图

点火开关 JK406C-2

档位	端子					
	B	BR	ACC	C	R1	R2
左1,预热	●		●		●	
0位,停止	●					
右1,通电	●	●	●			
右2,起动	●	●	●	●		●

图 5-55　钥匙开关工作原理图

（4）起动马达　起动马达通常由发动机自带，主要用于带动发动机起动。一般由电动机、传动装置和控制装置 3 部分组成，其外形图如图 5-56 所示。

（5）熄火马达　断电时通过熄火马达执行器件切断燃油，使发动机熄火，其外形图如图 5-57 所示。

图 5-56　起动马达外形图

图 5-57　熄火马达外形图

2. 传感器

（1）水温传感器　水温传感器为电阻式温度传感器，温度越低阻值越高，温度越高阻值越低，主要作用就是把非电量的参数转换成电量参数传给仪表。水温传感器如图 5-58 所示。

（2）燃油液位传感器　燃油液位传感器是通过自身带的具有一定磁性的油浮子，随着燃油液位的变化而上下滑动，从而改变内部一系列电阻组合的阻值，然后传给仪表处理，转换成相应的液位值显示，如图 5-59 所示。

图 5-58　水温传感器

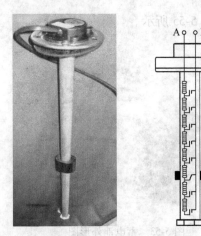

图 5-59　燃油液位传感器

3. 继电器

　　继电器是一种电子控制器件，它具有控制系统和被控制系统，通常应用于自动控制电路中。它实际上是一种用较小的电流去控制较大电流的"自动开关"，因此在电路中起着自动调节、安全保护和转换电路的作用。如图 5-60 和图 5-61 所示分别为继电器外形图及继电器工作原理图。

图 5-60　继电器外形图

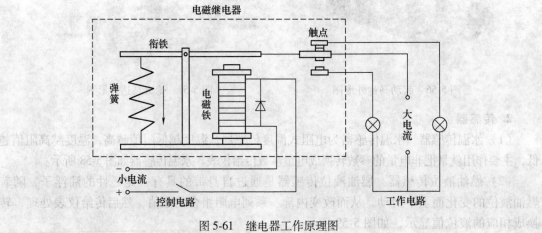

图 5-61　继电器工作原理图

4. 故障诊断报警装置

故障诊断报警装置对挖掘机的运行状态进行监视，一旦发生异常能及时报警，并指出故障部位，从而可及早清除事故隐患，缩短维修时间，降低保养和维护费用，改善作业环境，提高作业效率。其硬件主要由控制器和显示屏为系统核心，辅以其他检测和保护控制元件，实现对控制对象的各种监测目的，它有如下特点：

1）显示屏面板能防水、防尘，整个装置抗干扰能力强，并能防震。

2）能对机器的运行情况进行连续监测，并根据要求进行报警。

3）装置在硬件上具有光控电路，在光线阴暗时自动打开背光，照亮液晶屏，在不同温度下，自动调节液晶屏的灰度，以达到最佳视觉效果。

4）装置具有工作小时总计，系统时间显示且能对其进行调整，使其与当地时间一致。

5）可以对液晶屏进行翻转操作，可查阅采集的各路参数的具体数值或者各开关量。

6）工作后每次只选一个工作模式，选定一个新的工作模式之后，原工作模式自动消除。每次重新起动挖掘机后，功率模式重新回到 S（标准）模式。

7）每次重新接通并起动挖掘机后，行驶高低速选择开关处于低速状态，只有当按下开关后才依次在高速与低速之间转换。

8）每次重新起动挖掘机后，自动怠速开关处于自动怠速有效模式，只有按下自动怠速开关，自动怠速功能才能取消。

9）本装置自动查找故障，根据测得的故障参数找出发生故障的部位，并能查询某个故障发生的时间及某个时间内所发生的故障名称。其工作原理图如图 5-62 所示。

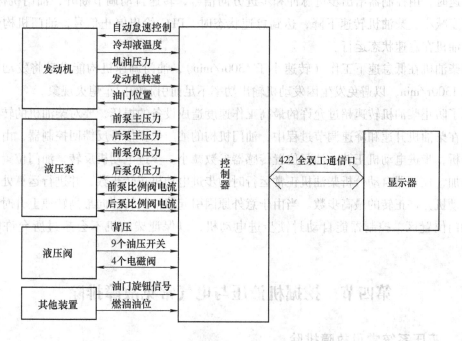

图 5-62　故障诊断报警装置工作原理图

5. 柴油机转速控制原理（图 5-63）

本系统采用控制器和油门控制器作为控制单元，油门机构作为执行机构控制柴油机油门的开度。

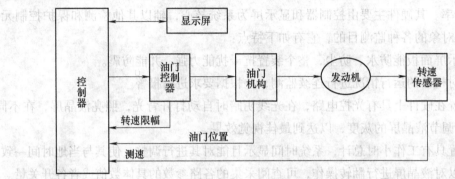

图 5-63　柴油机转速控制原理

升速时，由控制器给出步进脉冲信号，驱动油门机构正转，柴油机油门开度加大，柴油机转速上升，同时油门位置参数减少，达到设定的油门位置后，升速信号停止，进入转速自动调节阶段。油门位置信号由安装在油门机构上的油门位置传感器获得，控制器通过模拟通道采集此信号，并送入控制器内部寄存器处理，控制器根据实际油门位置与设定油门位置的差值，进行处理运算后，输出相应数量的脉冲，控制步进电动机运行，从而实现对柴油机转速的自动控制及自动调节。

降速时，由控制器给出步进脉冲和步进方向信号，转速自动调节断开，油门机构反转，油门开度减小，柴油机转速下降，达到怠速状态时，PLC 给出停止信号，油门机构停止运行，柴油机在怠速状态运行。

当柴油机在低怠速下工作（转速小于 1300r/min），油门调速机构能自动将发动机转速提升到 1300r/min，以避免发生因发动机输出功率不足而引起的闷车熄火现象。

为了防止柴油机转速超过允许的最高工作速度造成设备的损坏，要对柴油机的转速进行限制。在柴油机升速和降速调节过程中，油门机构的油门位置信号反馈回控制器，由控制器进行分析，步进电动机正转，油门位置传感器参数减小。步进电动机反转，油门位置传感器参数增加，控制器自动分析柴油机正常运行时的步进电动机正转步数，并进行运算处理得出步进电动机允许正转的最高步数。当由于意外原因引起柴油机转速向最高转速上升时，到达异常油门位置区，控制器能自动封锁步进电动机，以保证柴油机不会超过所允许的最高转速。

第四节　挖掘机液压与电气常见故障排除

一、液压系统常见故障排除

液压系统常见的故障及排除方法见表 5-1。

表 5-1 液压系统常见的故障及排除方法

故障现象	产生原因	排除方法
转向费力	1. 液压油位低 2. 发动机转速过低 3. 泵吸油管路受阻	1. 加注液压油至满刻度 2. 提高发动机转速 3. 检查吸油管路
液压油过热	1. 液压油位低 2. 过滤器堵塞 3. 散热器或油冷却器堵塞 4. 液压油已污染	1. 加注液压油至满刻度 2. 更换新的过滤器 3. 清洗并拉直叶片 4. 更换全部液压油
液压油起泡沫	1. 液压管路有扭曲或凹陷 2. 液压油错误 3. 液压油中有水	1. 检查管路 2. 使用正确的液压油 3. 更换液压油
低油压或无油压	安全阀故障	调节或更换安全阀
无液压功能	1. 液压油位低 2. 吸入过滤器堵塞，空气吸入吸油口	1. 加注液压油至满刻度 2. 清洗过滤器系统
液压缸动作但不能提升负载	1. 吸入过滤器堵塞 2. 泵吸油管路泄漏	1. 清洗过滤器系统 2. 检查吸油管路
行走不平稳	1. 履带需调节 2. 履带导向轮、支重轮或托链轮损坏 3. 底盘车架内有石块或泥土"卡住"	1. 调节或更换履带 2. 更换或维修 3. 除去并修理
旋转不圆滑	缺少润滑脂	加润滑脂

二、电气系统常见故障排除

电气系统常见的故障及排除方法见表 5-2。

表 5-2 电气系统常见的故障及排除方法

故障现象	产生原因	排除方法
发动机起动缓慢	1. 蓄电池漏电或不能保持电量 2. 蓄电池电压低	1. 更换蓄电池 2. 充电或更换蓄电池
发动机运转时充电指示灯亮	1. 交流发电机传动带松弛或打滑 2. 发动机转速低 3. 附加配件造成过度电负载 4. 蓄电池、接地钢带、起动电机或交流发电机松动或电气连接腐蚀	1. 检查传动带，若打滑，则更换；若松弛，则张紧 2. 调节转速到规定值 3. 拆去附加配件或安装较高输出的交流发电机 4. 检查、清扫或紧固电气连接
监控器指示灯不亮	1. 熔丝坏 2. 传感器故障	1. 更换熔丝 2. 检查传感器
冷却水温度表不工作	1. 熔丝坏 2. 冷却水温度传感器故障	1. 更换熔丝 2. 检查冷却水温度传感器

（续）

故障现象	产生原因	排除方法
燃油表不工作	1. 熔丝坏 2. 电气线路故障	1. 更换熔丝 2. 检查线路
自动急速 不工作	1. 熔丝坏 2. 先导压力开关故障 3. 电气线路故障	1. 更换熔丝 2. 更换先导压力开关 3. 检查线路

复习思考题

1. 挖掘机的用途及分类。
2. 挖掘机的主要工作内容。
3. 挖掘机的主要结构组成。
4. 行走机构的组成及作用。
5. 依据图 5-22 描述回转马达的工作原理。
6. 描述主控阀的组成及作用。
7. 依据图 5-34 描述挖掘机的再生功能是如何实现的。
8. 依据图 5-36 描述挖掘机的直线行走功能是如何实现的。
9. 提升挖掘机整机工作效率的措施有哪些。
10. 依据图 5-63 描述柴油机的转速控制原理。

第六章

汽车起重机液电控制技术

第一节　认知汽车起重机

一、汽车起重机的概念、用途、分类及编号原则

1. 汽车起重机的概念

关于汽车起重机的定义，目前各种文献上的表述有一定差异，但一般认为，汽车起重机是以通用或专用汽车底盘作为安装基础，然后在其上配套安装起吊装置，并保持汽车原有的行驶性的一种自行式起重机械。

2. 汽车起重机的用途

汽车起重机主要应用于工矿企业、建筑工地、港口码头、油田、铁路、仓库及货场等工况下的起重作业及吊装作业。如大型建筑构件与设备安装、大量工程材料的垂直运输与装卸等，都离不开汽车起重机。此外，汽车起重机还广泛应用于公路应急救援。

3. 汽车起重机的分类

通常我们所说的汽车起重机包含 3 大类，即汽车起重机、全地面起重机和随车起重机。

（1）汽车起重机　通常把装在通用或专用载重汽车底盘上的起重机称为汽车起重机，如图 6-1 所示。汽车起重机的行驶操作在下车驾驶室里，起重操作在上车的操纵室里。由于利用汽车底盘，因此汽车起重机具有汽车的行驶通过性能，机动灵活、行驶速度高、可快速转移及转移到作业场地后能迅速投入工作的特点，特别适用于流动性大、不固定的作业场所。由于汽车起重机具有这些特点，其品种和数量在我国得到了很大发展，是目前我国轮式起重机中的主力机型。汽车起重

图 6-1　汽车起重机

机也有其弱点，总体布置受汽车底盘的限制导致车身较长，转弯半径大，大多数只能在左右 2 侧和后方作业。另外对地面的要求较高，越野性能差。

（2）全地面起重机　全地面起重机是集汽车起重机和越野轮胎起重机的优点于一体的

高性能起重机，如图6-2所示。全地面起重机底盘为越野型底盘，悬挂方式为油气悬挂，在不同路面行驶时，悬挂系统均可自动调平车架，并可根据需要升高或降低车架高度，以提高行驶性能和通过能力。底盘还采用多桥驱动和全桥转向，转弯半径小，可蟹形行走，能适应不同工作环境的要求。全地面起重机具有越野性能好、行驶速度高、可360°回转作业、在平坦坚实的地面可不用支腿吊重以及吊重行驶等优点，是轮胎式起重机的发展方向；但其价位较高，目前还不被国内大多数用户接受。

（3）随车起重机　随车起重机是将起重作业部分装在载重货车上的一种起重机，如图6-3所示。随车起重机行驶操作在下车的驾驶室里，起重操作则为露天，站在地面上操作。随车起重机的优点是既可起重又可载货，货物可实现自装卸。其缺点是起重量小，起升高度低，作业幅度小，不能满足大型的吊重安装作业要求，但因其具有既可起重、又可载货的优点，在起重运输行业也占据了一定的市场份额。

图6-2　全地面起重机

图6-3　随车起重机

4. 国内汽车起重机的规格型号及编号

国内汽车起重机的编号规则是用汉语拼音字母和数字组成部分字符串来表示，字母Q表示汽车起重机，字母Y表示液压传动，不标字母时表示机械传动，字母后面用数字表示起重机的最大额定起重量。在型号的末尾还用A、B、C、D、E、K等字母表示该汽车起重机的设计序号或改进序号。具体举例如下：

QY8B表示最大额定起重量为8t且经过二次改进的液压汽车起重机。

QY25K5—Ⅰ表示最大额定起重量为25t且经过改进后的K系列5节臂液压汽车起重机。

以上是适用于国内所有汽车起重机生产厂家的产品普通型号表示，但在汽车起重机的出厂铭牌上会标明最新的且最全面的汽车起重机产品型号，如徐州重型机械有限公司生产的汽车起重机型号为

XZJ	5	24	0	J	QZ	16
①	②	③	④	⑤	⑥	⑦

具体含义如下：

① XZJ：表示生产厂家，徐州重型机械有限公司。

② 5：表示汽车类中的专用汽车。

③ 24：表示整车总质量为24t。

④ 0：表示设计序号。"0"表示没有进行过改进。

⑤ J：表示专用汽车中的举升类汽车。

⑥ QZ：表示起重机组。

⑦ 16：表示最大额定起重量为 16t。

二、汽车起重机基本构造

汽车起重机主要由底盘和上车起重工作装置 2 大部分组成，此外还有驾驶室等附属设备。

如图 6-4 所示为汽车起重机整机结构组成，主要由汽车起重机专用底盘、驾驶室、车架、支腿、回转支承和中心回转体、平衡重、操纵室、变幅液压缸、起重钩（吊钩）、起重臂（吊臂）、副起重臂和臂端滑轮组成。

图 6-4　汽车起重机整机结构组成

1—副起重臂　2—起重臂　3—起重钩　4—变幅液压缸　5—操纵室　6—平衡重
7—支腿　8—车架　9—回转支承　10—驾驶室　11—底盘　12—臂端滑轮

1. 汽车起重机底盘

与普通的汽车底盘相比，汽车起重机通用和专用底盘在结构上并无多少不同，属于二类底盘范畴，只是增加了液压系统而已。

二类底盘由发动机、底盘四大系统、驾驶室、液压系统和电气系统等基本部分组成，其结构组成如图 6-5 所示。

2. 汽车起重机工作装置

起重工作装置是汽车起重机的工作机构，主要由起升机构、回转机构、伸缩机构、变幅机构、液压操纵机构、电气系统及辅助机件等部分组成。它们安装支撑在底盘的回转平台上，能随回转机构自由回转，是上车部分的核心机构，下面针对机械结构部分进行介绍。

（1）起升机构　起升机构由液压马达、双级圆柱齿轮行星减速器、制动器、卷筒、钢丝绳和起重钩（吊钩）等部件组成。其制动器为常闭摩擦片干式制动器，它的控制由制动液压缸实现，并可在起重过程中任何位置实现重物停稳不下滑。在起升机构液压回路中装有平衡阀，用以控制重物下降的速度，起升机构各组成部件如图 6-6 所示。

在大中型液压起重机上（一般为 16t 以上），一般除主起升机构外，为了提高轻载或空钩时的速度，还装设副起升机构。一般情况下 2 个机构分别工作，特殊情况下也可协同工作。副钩起重量一般取主钩起重量的 20%～30%。

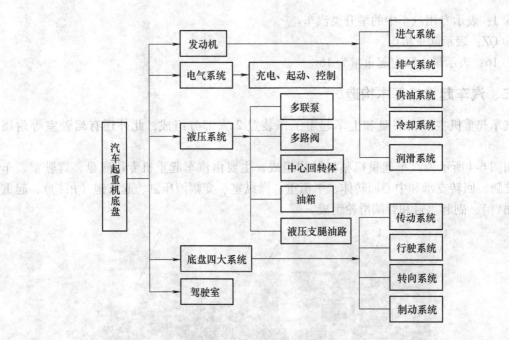

图 6-5　汽车起重机底盘结构组成

| a) 起重钩 | b) 卷筒及钢丝绳 | c) 主副卷扬马达及平衡阀 |

图 6-6　起升机构各组成部件

（2）回转机构　回转机构是汽车起重机上十分重要的机构。其功用就是使上车及其臂架相对下车部分在设定的范围内回转。回转是围绕回转支承装置的中心轴线进行，全回转机构可实现360°范围回转，即可顺时针方向运动，也可逆时针方向运动。

回转机构由回转系统总成、回转减速器和回转缓冲阀等组成，如图 6-7 所示。回转支承装置将汽车起重机的回转部分支撑在固定的部分上，回转驱动装置则驱动回转部分相对于固定部分回转。回转支承装置简称为回转支承，汽车起重机主要采用转盘式回转支承。

（3）伸缩机构

1）主臂机构。汽车起重机的主臂是起重机的核心部件。是汽车起重机吊载作业最重要的承重结构件。主臂机构件的强度、刚度将直接影响汽车起重机的使用性能。主臂机构的质量在一定程度上反映了起重机制造厂家的技术水平与管理水平。主臂机构的技术含量是汽车起重机产品水平的重要标志。提高主臂机构的设计、制造和装配质量是各起重机厂家不断追

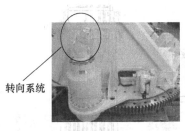
转向系统

a) 回转系统总成   b) 回转减速器   c) 回转缓冲阀

图 6-7　回转机构

求的目标。

目前汽车起重机的主臂多数是六边形及大圆角截面结构，即主臂机构模式基本相同。所不同的是主臂节数、主臂截面尺寸、主臂长度尺寸、臂间起支承作用的滑块结构形状和主臂伸缩机构形式（绳排式和单缸插销式）等有所差异。如图 6-8 所示即为某公司 25t 汽车起重机四节臂主臂结构。

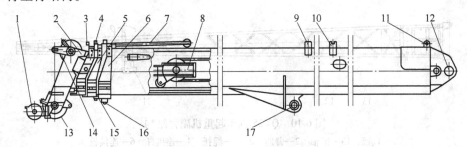

图 6-8　四节臂主臂结构

1—臂尖滑轮　2—四节臂　3—托绳架　4—三节臂　5—二节臂　6—一节臂　7—压绳滚轮
8—伸缩机构　9—滑板支架　10—挡板　11—绳托　12—主臂尾轴　13—定滑轮组
14—分绳滑轮组　15—调节垫块　16—托棍　17—变幅缸下铰点轴

在第四节臂的头部，设置分绳滑轮组和定滑轮组，如图 6-9 所示。分绳滑轮组在各系列产品中均为 2 个滑轮，中间一个滑轮用于副卷扬钢丝绳通过，靠左边滑轮用于主卷扬钢丝绳通过。定滑轮组的滑轮数量在各系列产品中不相同，有四片、五片和六片之分。定滑轮组滑轮的片数，决定该滑轮组在使用中钢丝绳的倍率。如四片定滑轮组与之相配合的动滑轮组（吊钩）滑轮片数也为四片，钢丝绳的倍率最多为 $4 \times 2 = 8$。依此类推，五片滑轮钢丝绳倍率最多为 10，六片滑轮钢丝绳倍率最多为 12。

2）副臂结构。副臂是汽车起重机重要的起重部件，也是关键的钢结构件。目前多数厂家生产的汽车起重机的副臂均采用桁架式结构。副臂的作用是补偿主臂作业高度不足及扩大主臂作业范围的一种起重作业功能。副臂的起重作业必须按副臂起重量性能表中规定的作业工况进行。中小吨位产品副臂的作业功能基本相同。所不同的是副臂的安装位置、尺寸、副臂的截面尺寸、副臂的节数等存在差异。如图 6-10 所示为某公司生产的 QY25 汽车起重机副臂结构。

（4）变幅机构　在额定起重量下，从汽车起重机吊钩中心到起重机中心回转轴线的水

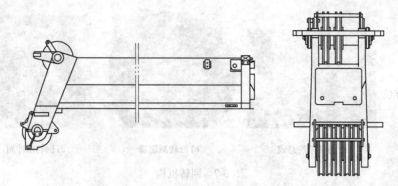

图 6-9　分绳滑轮组和定滑轮组

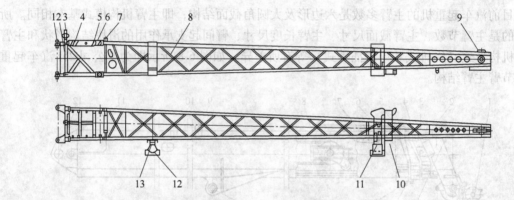

图 6-10　QY25 汽车起重机副臂结构

1、5、13—销轴　2—臂座　3、7—绳托　4—连接杆　6—连接板
8—臂架　9—滑轮　10—折叠板　11—托架总成　12—支承架

平距离，也就是所吊重物的回转半径或工作半径，称为工作幅度，改变工作幅度的大小，称为变幅。用于完成幅度改变的一整套机构，称为变幅机构。

液压变幅是伸缩臂起重机最有代表性的变幅形式，属于俯仰臂架式变幅机构，如图 6-11 所示。在该机构中，幅度改变是靠动臂在垂直平面内绕其销轴转动和动臂俯仰来实现的，它被广泛应用于汽车起重机。

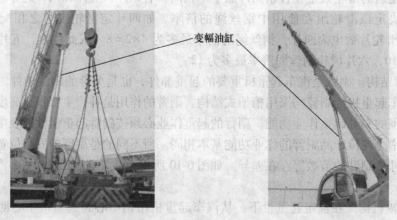

变幅油缸

图 6-11　俯仰臂架式变幅机构

第二节 汽车起重机液压控制原理

一、汽车起重机底盘液压系统元件介绍

起重机底盘配置的液压系统是起重机液压系统的一部分，主要功能是满足起重作业部分的活动支腿伸缩，同时为上车其他功能执行机构提供驱动液压能。

底盘液压系统的主要部件包括高压齿轮泵、液压油箱、支腿操纵阀、双向液压锁、4个水平液压缸、4个垂直液压缸和中心回转体，液压油箱安装了吸油滤油器、回油滤油器、油标温度计和空气滤清器。通过相应的钢管、高压胶管及各种接头将以上部件按要求连接起来，即构成了起重机专用底盘液压回路。

1. 高压齿轮泵

高压齿轮泵的作用是将发动机的机械能转换成液压能，为液压系统提供动力。

国内汽车起重机使用的液压泵一般是多联齿轮泵，如图 6-12 所示。高压液压泵从变速器取力器取力，通过传动轴连接接入实现动力输入，高压液压泵从油箱吸进低压油，输出高压油，其中一联齿轮泵供下车多路阀控制支腿操纵和上车回转，其他齿轮泵同时通过中心回转体，把高压油输送至上车，供上车变幅、伸缩、起升和先导控制，实现上车4大功能。

2. 液压油箱

液压油箱的作用是用来储存工作介质、散发系统工作中产生的热量、分离液压油中混入的空气和沉淀污染物及杂质。汽车起重机使用的液压油箱能满足本产品液压系统停止工作时容纳系统的液压油，而在工作时又能保持一定的液位，满足液压油散热，如图 6-13 所示，液压油箱还设置了吸油滤油器、回油滤油器和空气滤清器。

图 6-12 多联齿轮泵

图 6-13 液压油箱

1）如图 6-14 所示为吸油滤油器，其安装在液压泵吸油口处，防止液压泵及其他液压元件吸入污染杂质，有效地控制系统污染，提高液压系统的清洁度。

2）如图 6-15 所示为回油滤油器，其作用为滤除液压系统中元件磨损产生的金属颗粒以及密封件的橡胶杂质等污染物，使流回油箱的油液保持清洁。

图 6-14 吸油滤油器

3）如图 6-16 所示为空气滤清器，在系统中是一个非常重要的附件，它直接影响液压油的使用周期。

图 6-15　回油滤油器　　　　图 6-16　空气滤清器

4）油位计可显示液压油的实际温度和油面高度。

多数产品液压油箱配置的进油、回油滤油器设有自封阀，当更换、清洗滤芯或维修系统时，只要旋开过滤器端盖，自封阀就会自动关闭来隔绝油路，使油箱内油液不向外流，使清洗、更换滤芯或维修系统变得非常方便。

3. 支腿操纵阀

如图 6-17 所示，支腿操纵阀是下车液压回路的控制部件，作用是通过操作支腿换向阀，来完成水平液压缸、垂直液压缸的伸出和缩回动作，从而使活动支腿伸出或缩回，将整车支起或落下。国内多数汽车起重机采用的支腿换向阀为四联换向阀，带第五支腿的采用五联换向阀。

支腿操纵阀内设有支腿油路系统调压阀（溢流阀）、水平液压缸伸出压力调压阀（溢流阀），可实现各活动支腿同时或单独伸缩。在下车液压系统不工作时，液压油通过阀内通道供上车回转机构工作。

4. 双向液压锁

如图 6-18 所示为双向液压锁，其用于液压汽车起重机和液压高空作业车液压系统中。当支腿放下后，液压锁能防止因油

图 6-17　支腿操纵阀

液渗漏而造成支腿自行收缩；在油管发生意外破裂的情况下，可防止支腿失去作用而造成事故；在液压汽车起重机或高空作业车行驶或停止时，可防止支腿受自重的影响而下落。

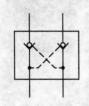
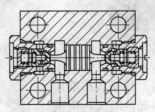

图 6-18　双向液压锁

5. 液压缸

液压缸的作用是将液体的压力能转换为机械能，驱动负载作直线往复运动。起重机专用

底盘在活动支腿的伸缩和底盘的垂直升降分别采用了 2 种不同的液压缸，如图 6-19 所示。

6. 中心回转体

如图 6-20 所示为中心回转体，是工程机械常用的专有部件，主要功用是在 2 个相对转动部件之间不间断地传递各种介质以及各类通信信息。起重机专用底盘上安装的中心回转体主要将下车油液的压力能、电源传递到上车供起重作业各部件使用，同时可在上下车之间传递各类电信号。

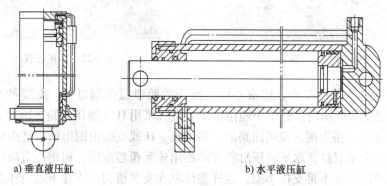

a) 垂直液压缸　　　　　　　　　b) 水平液压缸

图 6-19　液压缸

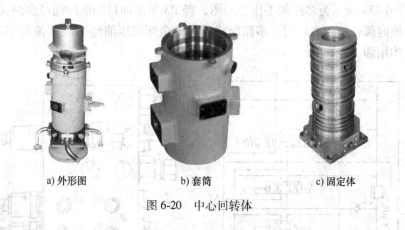

a) 外形图　　　　　　b) 套筒　　　　　　c) 固定体

图 6-20　中心回转体

7. 无缝钢管

如图 6-21 所示为无缝钢管，其普遍应用于液压系统连接中较为固定的区段，成本相对比高压胶管低。

8. 高压胶管

如图 6-22 所示为高压胶管，它是由钢丝编织或尼龙编织与橡胶合成制作的胶管，根据编织层数不同，分为高压、中压和低压，根据使用要求选用。

9. 各类接头

焊接式接头已被淘汰，很少采用。目前主要采用卡套式接头，使用方便，且可预装。

二、底盘支腿机构液压回路工作原理

1. 轮胎式工程机械

对轮胎式工程机械来说，为了扩大作业面积和增加整体稳定性，需要在车架上向轮胎外

图 6-21　无缝钢管

图 6-22　高压胶管

侧伸出支腿，将整体支撑起来，使重心可以处于轮胎覆盖范围以外。支腿种类有蛙式、H式、X式和辐射式等。国内多数中小吨位汽车起重机采用 H 式液压支腿，因此，这里仅以 H式支腿的一种液压回路为例，说明回路的一些特点。H 式支腿由四组液压缸组成，每组包括一个水平缸和一个垂直缸。水平液压缸将支腿推出轮胎覆盖范围，而用垂直液压缸将车架顶起，使轮胎从地面抬起不再支撑车架，这样整体就在支腿机构的支撑下进行作业。

2. 下车多路阀工作原理

1）如图 6-23a 所示为多路阀工作原理图，经 P3 泵出油口的液压油经多路阀油口 P 进入多路阀，当换向阀杆位于中位时，多路阀将流进的全部液压油经油口 V 流向中心回转接头，以供回转机构用油。

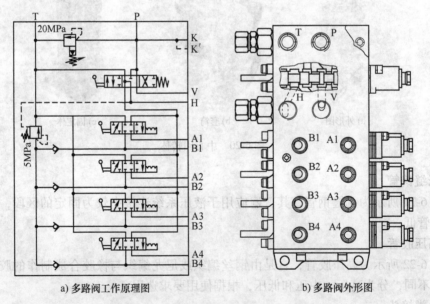

a) 多路阀工作原理图　　　b) 多路阀外形图

图 6-23　多路阀

2）当把换向阀杆移至"伸出"或"缩回"位置时，液压油通过内部油道到达各选择阀进油口或经油口 H 进入各支腿液压缸的有杆腔油口。

3）选择阀油口 A1～A4 以及 B1～B4 分别与垂直支腿液压缸和水平支腿液压缸的无杆腔油口相连。

4）选择阀阀杆与油口 B1~B4 之间在阀体内各装有单向阀，并在内部与水平液压缸伸出溢流阀连接，以限制水平液压缸伸出的最高压力。

5）收放支腿时的液压缸回油经 A1~A4、B1~B4 或 H 油口进入多路阀后，通过 T 口流回油箱。

6）如图 6-23b 所示为多路阀外形图。

3. 溢流阀工作原理

1）如图 6-24a 所示为溢流阀结构图，从进油口 P 来的液压油经溢流阀主阀芯 1 上的节流孔 e 进入弹簧腔 2，并经孔 a 到达锥阀芯 3，当进油口 P 的压力低于先导阀调定值时，锥阀芯 3 不能打开，各腔各孔中充满了液压油，但不流动。主阀芯 1 两端面积相等，作用于两端的压力相等。主阀芯 1 上还作用有主弹簧 5 的压紧力，主阀芯 1 不开启，无溢流口形成，溢流阀不溢流。

2）当油压超过开启压力（弹簧 6 的压紧力）时，锥阀芯 3 开启，弹簧腔 2 的液压油经过锥阀芯 3 和阀座 7 形成的缝隙成为低压，经油道 h 与低压腔 d 相通，经出油口排出。

3）调节螺杆 4 可改变调压弹簧 6 的预压紧力，从而可以调节开启压力的大小。

4）当锥阀芯 3 开启后形成通路，弹簧腔 2 的液压油流出后，由于流经节流孔 e 的液压油不能及时补充弹簧腔 2，使 P 腔与弹簧腔 2 形成压力差，P 腔的液压油克服主弹簧 5 的压力，推动主阀芯 1 向右移动，打开主阀芯流口，液压油通过 d 口流回油箱。

5）溢流阀外形不论如何变化，其内部必须有主阀芯、锥阀芯（先导阀芯）、弹簧和节流孔等部件。

6）溢流阀的图形符号如图 6-24b 所示。

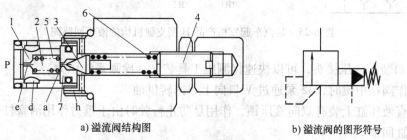

a) 溢流阀结构图   b) 溢流阀的图形符号

图 6-24 溢流阀

1—主阀芯 2—弹簧腔 3—锥阀芯 4—调节螺杆 5—主弹簧 6—弹簧 7—阀座

如图 6-25 所示是某汽车起重机产品 H 型支腿机构的液压回路图。该机构用 4 个三位四通手动换向阀实现水平支腿与垂直支腿的伸出选择，用一个三位六通的手动换向阀实现水平和垂直支腿的伸出和收回，由于水平伸出时压力较小，因此在伸出时采用了二次溢流阀进行安全保护，以防损坏液压缸。除此之外，该回路中还增加了（A1H）第五支腿，以实现汽车起重机的 360°作业。下车多路阀为六联多路阀组，其中第一片（从左到右）为总控制阀，二到六为选择阀，分别选择水平或垂直位置（操作杆上抬为水平，下压为垂直）。

当选择阀处于水平（垂直）位置时，操作第一片阀，可以实现水平（垂直）液压缸的伸出与缩回（上抬为缩回、下压为伸出）。支腿操作可以联动，也可以单独操作，实现动作的微调。多路阀中设有安全阀 RB1、RB2 及 RB3。RB1 的设定压力为 20MPa，其作用是限制供液压泵的最高压力，对系统起保护作用；RB2 的作用是限制水平液压缸伸出的最高压力，以防损坏液压缸；RB3 的作用是限制第五支腿伸出的最高压力，保护底盘大梁，防止其受力过大而变形损坏。

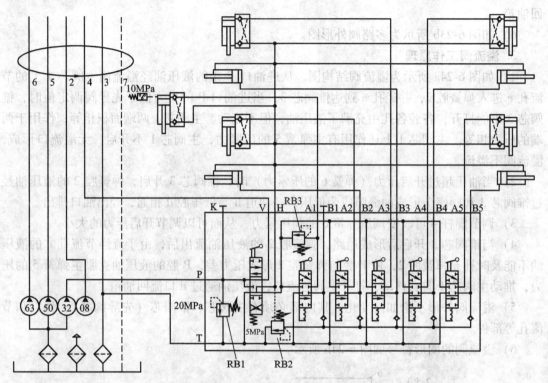

图 6-25 某汽车起重机产品 H 型支腿机构的液压回路图

在 K 口装有测压接头，可以快速将测压工具装上，检测系统压力。

当操作阀在中位时，32 泵通过 V 口向上车回转供油。

在垂直液压缸上装有双向液压锁，作用是防止行驶时由于重力作用活塞杆伸出以及在作业时液压缸回缩。

三、汽车起重机四大机构液压控制原理

汽车起重机除发动机、底盘传动系统外，其工作装置主要是指起升、伸缩、回转和变幅臂机构，即汽车起重机的四大机构。

1. 起升机构液压控制原理

汽车起重机需要用起升机构，即卷扬机构实现垂直起升和放下重物。起升机构采用液压马达通过行星减速器驱动卷筒，如图 6-26 所示，是一种最简单的起升机构液压回路。当换向阀 3 处于左位时，通过液压马达 2、减速器 6 和卷扬机 7 提升重物 G，实现吊重上升。而换向阀处于右位时下放重物 G，实现吊重下降，这时平衡阀 4 起平稳作用。当换向阀处于中位时，回路实现承重静止。由于液压马达内部泄漏比较大，即使平衡阀的闭锁性能很好，但卷筒和吊索机构仍难以支撑重物 G。若要实现承重静止，可以设置常闭式制动器，依靠制动液压缸 8 来实现。

在换向阀左位（吊重上升）和右位（吊重下降）时，液压泵 1 提供的压力油同时作用在制动缸下腔，将活塞顶起，压缩上腔弹簧，使制动器闸瓦拉开，这样液压马达不受制动。换向阀处于中位时，泵在 H 型中位机能下实现卸荷，出油口接近零压，制动液压缸活塞被弹簧压下，闸瓦制动液压马达使其停转，重物 G 静止于空中。对于大多数的汽车起重机而言，均有主起升机构和副起升机构，其工作原理是一样的，在此就不再赘述。

2. 伸缩臂机构液压控制原理

伸缩机构是一种多级式伸缩起重臂伸出与缩回的机构。如图 6-27 所示为伸缩臂机构液压回路。臂架有 3 节，Ⅰ是第 1 节臂，或称基本臂；Ⅱ是第 2 节臂；Ⅲ是第 3 节臂。后一节臂可依靠液压缸相对前一节臂伸出或缩进。三节臂只要 2 只液压缸，液压缸 6 的活塞与基本臂Ⅰ铰接，而其缸体铰接于第 2 节臂Ⅱ，缸体运动Ⅱ相对Ⅰ伸缩；液压缸 7 的缸体与第 2 节臂Ⅱ铰接，而其活塞铰接于第 3 节臂Ⅲ，活塞运动使Ⅲ相对于Ⅱ伸缩。第 2 节臂和第 3 节臂是顺序动作的，对回路的控制可依次进行如下操作：

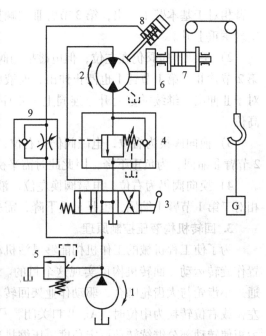

图 6-26　起升机构液压回路
1—液压泵　2—液压马达　3—换向阀　4—平衡阀
5—溢流阀　6—减速器　7—卷扬机
8—制动液压缸　9—单向节流阀

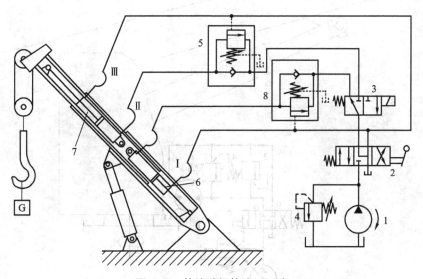

图 6-27　伸缩臂机构液压回路
1—液压泵　2—换向阀　3—电磁阀　4—溢流阀　5、8—平衡阀　6、7—液压缸

1）换向阀 2 在左位，电磁阀 3 也在左位，使液压缸 6 上腔压入液体，缸体运动将第 2

节臂相对于基本臂Ⅰ伸出，第3节臂Ⅲ则顺势被第2节臂Ⅱ托起，但对Ⅱ无相对运动，此时实现举重上升。

2）手动换向阀仍在左位，但电磁换向阀换至右位，液压缸6因无液体压入而停止运动，第2节臂Ⅱ对第1节臂Ⅰ也停止伸出，而液压缸7下腔压入液体，活塞运动将第3节臂Ⅲ相对于Ⅱ伸出，继续举重上升。连同上一步序，可将三节臂总长增至最大，将重物举升至最高位。

3）换向阀换为右位，电磁阀仍为右位，液压缸7上腔压入液体，活塞运动臂相对于第2节臂Ⅱ缩回，为负重下降，因此此时需平衡阀5起作用。

4）换向阀仍为右位，电磁阀换左位，液压缸6下腔压入液体，缸体运动将第2节臂Ⅱ相对于第1节臂Ⅰ缩回，也是负重下降，需平衡阀8起作用。

3. 回转机构液压控制原理

为了使工程机械的工作机构能够灵活机动地在更大范围内进行作业，就需要整个工作装置作旋转运动。回转机构可实现这个目的。回转机构液压回路如图6-28所示。液压马达5通过小齿轮与大齿轮啮合，驱动作业架回转。整个作业架的转动惯量特别大，当换向阀2由左位或右位转换为中位时，A、B口关闭，马达停止转动。但因为液压马达承受巨大的惯性力矩使转动部分继续转动一定角度，压缩排出管道的液体，使管道压力迅速升高。同时，压入管道已封闭，但液压马达继续转动使管道中液体膨胀，引起压力迅速降低，在进油路上也会产生真空，这两种压力变化如果很激烈，则将造成管道或液压马达损坏。因此，必须设置一对缓冲阀3、4。当换向阀的B口连接管道为排出管道时，阀4如同安全阀一样，在压力

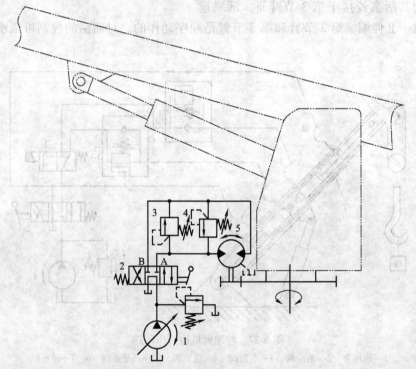

图6-28　回转机构液压回路

1—液压泵　2—换向阀　3、4—缓冲阀　5—液压马达

突升到一定值时放出管道中的液体，又进入与 A 口连接的压入管道，补充被液压马达吸入的液体，使压力停止下降，或减缓下降速度。由此可知，对回转机构液压回路来说，缓冲补油是非常重要的。

4. 汽车起重机变幅机构液压控制原理

如图 6-29 所示为双作用液压变幅回路。变幅系统由变幅油缸和平衡阀等部件组成。

变幅液压缸能将液压泵产生的液压能转换成往复运动的机械能，用于吊臂变幅。

平衡阀用于防止降臂时液压缸活塞杆在载荷的作用下以超过液压油供应流量的速度缩回（吊臂下降）。此外，若此阀与多路阀之间的管路破裂，它还有防止液压缸突然缩回的功能。如图 6-30 所示为平衡阀外形图及结构原理图。

从多路阀变幅联油口流出的液压油通过平衡阀后进入变幅液压缸的无杆腔，推动液压缸活塞杆向外伸出，使吊臂仰起。

降臂时依靠多路阀变幅联另一油口进入变幅液压缸的有杆腔并推动平衡阀内的控制活塞，打开油道，使无杆腔回油，液压缸活塞杆在液压油压力的作用下回缩，吊臂下降。

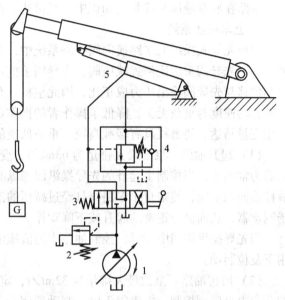

图 6-29　双作用液压变幅回路
1—液压泵　2—溢流阀　3—手动换向阀
4—平衡阀　5—液压缸

对于部分中小吨位的汽车起重机和大多数大吨位的汽车起重机而言，吊臂下降依靠先导油路的控制油推动平衡阀控制活塞，打开油路，无杆腔回油，吊臂在重力的作用下下降。

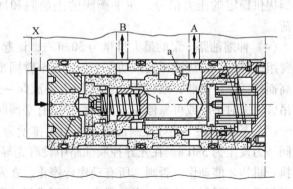

图 6-30　平衡阀外形图及结构原理图

四、25t 先导式汽车起重机液压系统原理解读

我们以某公司生产的 25t 先导式汽车起重机为例进行整机液压系统原理图讲述。该液压

系统采用开式定量泵变量马达系统，动力元件为四联齿轮泵，卷扬马达为斜轴式轴向柱塞马达，整机分下车液压系统和上车液压系统2部分。

1. 下车液压系统

油路在底盘液压系统相关知识中已经讲述，在此不再赘述。

2. 上车液压系统

液控先导式操纵的多路换向阀控制系统中，主操纵阀为阀前补偿的负荷敏感式比例多路换向阀，先导阀采用比例式减压阀，先导阀手柄移动的角度与输出压力成正比，主操纵阀的阀芯位移与先导阀输出压力成正比，因此整机具有良好的微动性，同时负载敏感阀使执行元件的运动速度与负载无关，降低了操作者的操作难度，减轻了操作者的劳动强度。卷扬机构采用变量马达，使整机具有轻载高速、重载低速的特点。

（1）起升油路　泵的最大排量为63mL/r，变量马达的排量为55mL/r，起升油路卷扬制动器为常闭式，当控制主起升的先导操纵阀操纵时，从先导操纵阀输出的控制油通过梭阀使液控换向阀换向，使来自于多路阀且经过减压的液压油通过液控换向阀和单向节流阀开启卷扬制动器，从而进行正常的起升或下降动作。

当先导操纵阀回中位时，控制油路中的液压油从先导操纵阀回油箱，制动器在弹簧的作用下复位制动。

（2）回转油路　泵的最大排量为32mL/r，定量柱塞马达的排量为28mL/r。回转制动器的开启由电磁阀控制，电磁阀无电，制动器闭合（回转制动）；电磁阀有电，制动器在液压油的作用下开启（回转制动解除）。因此操作者在作回转运动时，必须按住控制回转运动的先导操纵阀手柄上的按钮（或直接打开操纵面板上的回转制动开关）。回转主油路具有自由滑转功能，当吊臂在起重作业受到侧拉时按下自由滑转开关（在左操纵手柄的外侧、右操纵手柄的内侧），转台能够自动找正，使吊臂轴线所在平面转至重物重心上方，防止吊臂受到侧向力而导致弯曲、折断或倾翻。

（3）变幅油路　泵的最大排量为50mL/r，变幅下降时的系统最高压力调定为8MPa。为了使变幅下降时吊臂平稳或可靠停住，在油路中设有外控式、内泄式平衡阀，为了给力矩限制器提供稳定的压力信号，在平衡阀的进油腔和回油腔均设置了压力传感器以实现过载卸荷。

（4）伸缩油路　泵的最大排量为50mL/r，该起重机共有5节主臂，一级液压缸带动二节臂组件伸出，二级液压缸带动三、四、五节臂同步伸缩。为了使吊臂伸出时不会因为压力过高而使活塞杆弯曲，限压阀（二次压力溢流阀—升口溢流阀）压力调定为14MPa，为了使吊臂回缩时平稳或可靠停住，在油路中设有平衡阀。

（5）控制油路　先导控制油路的压力由排量为8mL/r的齿轮泵单独提供，控制油路溢流阀压力设定为3MPa。在先导控制油路中设有先导油源控制电磁阀，此电磁阀有电，上车各执行机构才能动作，否则，所有动作皆停止。在先导控制油路中设有安全卸荷电磁阀，此电磁阀受力矩限制器控制，当负载力矩达到或超过设计值时，电磁阀有电，所有使力矩增大的动作均不能工作。

如图6-31所示为QY25型汽车起重机上车液压系统工作原理图。

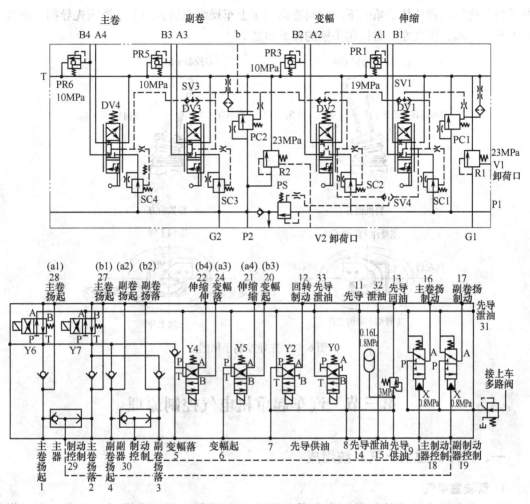

图 6-31　QY25 型汽车起重机上车液压系统工作原理图

五、汽车起重机上车操纵机构介绍

上车操纵机构是汽车起重机进行起重作业的控制中心。汽车起重机的上车操纵机构因控制方式不同主要分为 2 种，一种是采用先导控制阀来操纵上车各种机构运动，简称先导式；另一种是采用手动拉杆式控制方式，简称拉杆。除控制方式有区别外，电控装置和上车油门控制装置等基本相同。下面将主要介绍先导控制的上车操纵机构。

先导控制的核心是采用液压先导控制手柄实现不同机构操作。先导控制手柄实质是一个比例减压阀，它通过控制上车主阀控制油路的供油方向，来改变各片阀芯的不同换向位置，实现各种机构的不同动作方向。采用先导控制方式的手柄位置、控制机构、受控机构的运动方向等，已在国家标准中明确规定。如图 6-32 所示为先导控制手柄图，左控制手柄负责控制主臂伸缩、副钩升降、转台左右回转机构操作；右控制手柄负责控制主钩、升降主臂、起落变幅机构操作，也有的控制方式是将主臂伸缩放在右手柄上，操作时需对伸缩和变幅进行切换。左、右控制手柄设在左、右扶手箱上，扶手箱固定在坐椅两侧的操纵室地板上，与控制手柄相连的油管从扶手箱的下部空间通向位于上车操纵室后方的上车液压先导阀。通过控制上车先导阀，实现左、右控制手柄的操纵机能。

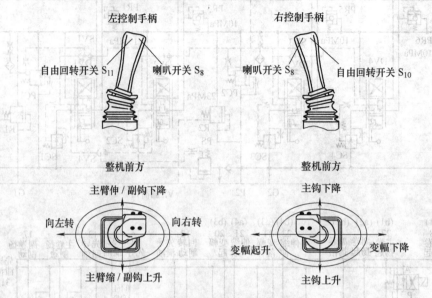

图 6-32　先导控制手柄图

第三节　汽车起重机电气控制原理

一、汽车起重机电气系统组成

1. 驾驶室电气

驾驶室电气是驾驶员与车辆本身及外界沟通的桥梁，驾驶员通过各仪表、组合指示灯（图 6-33）和指示器获知车辆的运行状况，并通过各种开关（图 6-34）和踏板完成对车辆的操作。汽车起重机底盘驾驶室电气主要由仪表、各种操纵开关、电子加速踏板、仪表盘线束、熔丝、过载保护器、断路保护器（图 6-35）、继电器（图 6-36）以及音响、空调、刮水器电动机等电气元件组成。

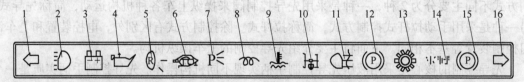

图 6-33　组合指示灯

1—左转向　2—远光灯　3—蓄电池　4—机油压力报警　5—倒车灯　6—低档　7—驻车灯
8—预热器　9—发动机水温　10—差速　11—雾灯　12—低气压报警　13—取力有效
14—变速箱缓速器制动指示灯　15—驱动制动　16—右转向

仪表包括发动机转速表、发动机水温表、发动机机油压力表、车速里程表、燃油表、电压表和双针气压表等。

图 6-34　开关

图 6-35　断路保护器

操纵开关包括起动开关、灯光开关、取力开关、熄火开关和诊断开关等。

如图 6-37、图 6-38、图 6-39 和图 6-40 所示分别为可复位式熔体片、灯光控制开关示意图、刮水器及排气制动控制开关示意图和电子加速踏板。

图 6-36　继电器

图 6-37　可复位式熔体片

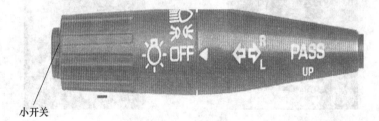

小开关

图 6-38　灯光控制开关示意图

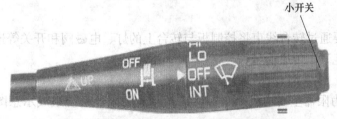

小开关

图 6-39　刮水器及排气制动控制开关示意图

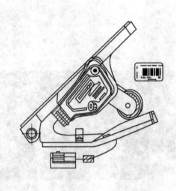

a) 外形图　　　　　　　　　　　　　b) 结构示意图

图 6-40　电子加速踏板

2. 大梁线束

大梁线束是起重机底盘的神经，各种电气元件通过大梁线束实现对底盘的控制、操纵等动作，是非常重要的电气部件。大梁线束由 CAN 总线线束、控制器线束、发动机线束、变速器线束和 ABS 线束等组成。

3. 操控室电气

操控室电气包括仪表箱（图 6-41）、左控制器（图 6-42）、右控制器（图 6-43）、控制板（图 6-44）、手柄（图 6-45）、操控室地板（图 6-46）和工作灯（图 6-47）。

图 6-41　仪表箱　　　　　　　　　　　　图 6-42　左控制器

4. 转台电气

转台电气主要通过转台线束将控制板与转台上的灯、电磁阀和开关等连接起来，并与回转电刷连接，给上下车传递信号。

5. 力限器

（1）全自动力限器主要构成　如图 6-48 所示为力限器系统组成示意图，主要由以下几个部分组成：

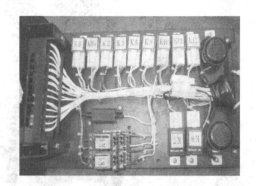

图 6-43 右控制器　　　　　　　　图 6-44 控制板

图 6-45 手柄　　　　　　　　　图 6-46 操控室地板

1）主机——中心控制器。

2）CAN 接线盒。

3）彩色液晶图形显示器。

4）压力传感器。

5）长度/角度传感器。

6）高度限位开关及重锤。

图 6-47 工作灯

（2）力限器工作原理　力限器由主机、显示器、长度/角度传感器、压力传感器、高度限位器及连接电缆组成。系统按实际力矩与额定力矩比较的原则进行控制。微处理器根据各传感器输入的吊臂长度，角度信号，计算出起重机的作业半径。根据压力传感器输入的信号计算出变幅缸的受力，然后计算出起重力矩。根据力传感器测量得出的实际值在微处理器中与储存在中心控制器存储器中的额定值进行比较，达到极限时，在显示器上发出过载报警信号，同时，主机输出控制信号，结合起重机的外围控制元件，起重机的危险动作自动停止。起重机的性能结构参数储存于中心处理器中，用这些参数来计算操作状况时的数据。吊臂长度（角度）由安装于吊臂上的卷线盒测量，测长线同时用于高度限位器信号的传输。起重机实际载荷的大小由装于变幅缸有杆腔和无杆腔上的压力传感器测量之后经换算进入微处理器，结合起重机结构参数由微处理器经复杂计算得出。

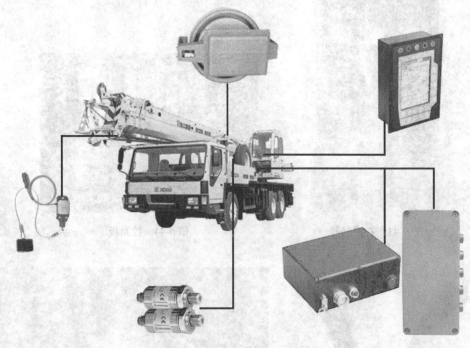

图 6-48　力限器系统组成示意图

6. 照明系统

照明系统指安装在起重机上的各种灯具，主要用于照明、示廓和发送信号等，包括前部照明的前照灯、前转向灯、前行车灯、前示廓灯和前雾灯，后部的灯具包括后示廓灯、后雾灯、后转向灯、后行车灯、制动灯、倒车灯、仪表照明、工作灯和臂头灯等，车身部分安装侧标灯。如图 6-49、图 6-50、图 6-51 和图 6-52 所示分别为后组合信号灯、侧标志灯、车头灯光示意图和车尾灯光示意图。

图 6-49　后组合信号灯

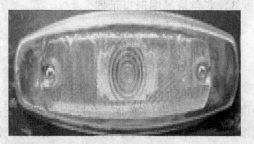

图 6-50　侧标志灯

7. 电源系统

汽车起重机供电系统为直流 24V 单线制电源，负极搭铁，系统采用 2 个 12V 蓄电池串联和 1 个发电机供整车用电。汽车起重机起动时由蓄电池提供电能，当发动机运行后，由发电机发出的 28V（波动 0.3%V）直流电源提供本车电能，同时给蓄电池充电。如图 6-53 和图 6-54 所示为蓄电池及交流接触器和副驾驶前面的电源保险。

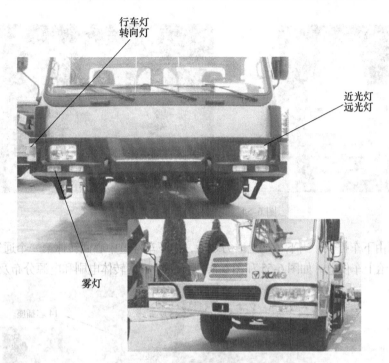

图 6-51　车头灯光示意图

图 6-52　车尾灯光示意图

1—转向灯　2—行车灯、刹车灯　3—倒车灯　4—后雾灯　5—牌照灯

a) 蓄电池

b) 交流接触器

图 6-53　蓄电池及交流接触器

图 6-54　副驾驶前面的电源保险

上车电源由下车提供，当下车挂上取力之后，由下车经过中心回转体第一个通道，14 芯插座的第一个端口给上车供电。如图 6-55 和图 6-56 所示为中心回转体电刷和电源分布及熔体片。

14 芯插座

回转体电刷

图 6-55　中心回转体电刷

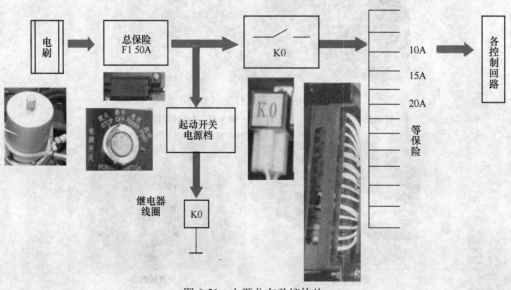

图 6-56　电源分布及熔体片

8. 发动机控制

小吨位汽车起重机只有一个发动机，目前发动机的控制都是将一些信号传递给发动机控制器，通过控制器实现对发动机的控制。如图 6-57 所示为发动机控制系统。

a) 发动机　　　　　　　　　　　　　b) 控制器

图 6-57　发动机控制系统

在驾驶室里可以实现发动机起动和熄火，挂上取力之后，在操纵室里可以进行起动、熄火和加速踏板操纵；在支腿操纵手柄旁可以进行支腿加速踏板操纵。上车发动机控制信号都是经过中心回转体电刷传递给下车的。

二、汽车起重机常用电器元件

1. 预热起动开关

（1）作用　接通、断开控制电源；起动、熄灭发动机；接通、断开预热器。

（2）型号　以 JK406C 型为例。

如图 6-58 和图 6-59 所示分别为预热起动开关外形图及底面接线端子和预热起动开关档位示意图及电路图，预热起动开关的文字符号为 S。

a) 预热起动开关　　　　　　　　　　b) 底面接线端子

图 6-58　预热起动开关外形图及底面接线端子

JK406C 型预热起动开关通断表见表 6-1。

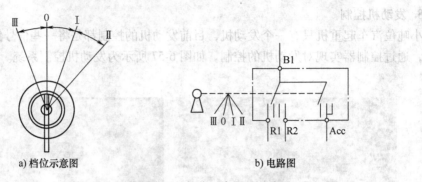

a) 档位示意图　　　　　　　　　b) 电路图

图 6-59　预热起动开关档位示意图及电路图

表 6-1　JK406C 型预热起动开关通断表

档位	接线柱						备注
	B1	B2	Acc	R1	R2	C	
预热或熄火Ⅲ	●	●		●			短时工作具有自动复位
空档0	●	●					钥匙可自由插进拔出
接通电源Ⅰ	●	●	●				
起动Ⅱ	●	●	●		●	○	短时工作具有自动复位再次起动时必须回到0位

2. 面板安装式翘板开关

（1）作用　实现对各种汽车电器的功能控制。如各种车灯、仪表、电磁阀及传感器的通断等。

（2）常用型号　以 JK931、JK932 为例。

（3）分类

1）按照档位数量，可分为二档位和三档位；按照有无指示灯可分为带指示灯和不带指示灯。

2）按操作方式有揿动、揿动带自动复位和揿动带锁止（须先拨开锁止后才能揿动，可防止误揿动）3种。

（4）标准电压及额定电流　有 DC12V（16A）和 DC24V（8A）2种。

如图 6-60 和图 6-61 所示为连体翘板开关外形图和连体翘板开关电路图符号，翘板开关的文字符号为 S。

图 6-60　连体翘板开关外形图

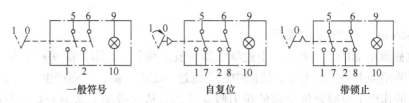

图 6-61 连体翘板开关电路图符号

3. 熔断器

熔断器（图 6-62）是一种安装在电路中，保证电路安全运行的电器元件。其作用是当电路及电器发生故障或异常，随着电流的升高有可能烧毁线路及电器时，电路中的熔丝就会自身熔断切断电流，从而保护电路及电器。如图 6-63 和图 6-64 所示为保险盒和熔断器电路图符号，熔断器的文字符号为 FU。

更换熔丝时一定要关闭点火开关，与原配熔丝规格一致，不能任意加大熔丝的电流等级，更不能用其他导电物代替。如果换上去的熔丝马上又烧断了，则说明电路已发生故障，要排除故障后再装上熔丝，千万不能用加大熔丝规格的方式来处理，否则可能扩大故障范围及引起火灾。

图 6-62 熔断器

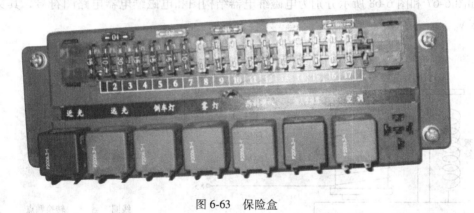

图 6-63 保险盒

4. 继电器

（1）作用

1）扩大控制范围。例如，多触点继电器控制信号达到某一定值时，可以按触点组的不同形式，同时换接、开断和接通多路电路。

2）放大。例如用一个很微小的控制量控制很大的功率。

（2）常用型号 以 JQ202S-FL0 型为例，电压为 24V，电流为 20/10A，JQ201S-PL0，汽车中使用的该类继电器切换负载功率大，抗冲击性和抗振

图 6-64 熔断器电路图符号

性好。

如图 6-65 所示为继电器外形图。

（3）电磁继电器的工作原理　电磁继电器一般由铁芯、线圈、衔铁和触点簧片等组成。只要在线圈两端加上一定的电压，线圈中就会流过一定的电流，从而产生电磁效应，衔铁就会在电磁力的作用下克服复位弹簧的拉力吸向铁芯，从而带动衔铁的动触点与静触点（常开触点）吸合。当线圈断电后，电磁的吸力也随之消失，衔铁就会在弹簧的反作用力下恢复到原来的位置，使动触点与原来的静触点（常闭触点）吸合。这样吸合释放，达到了在电路中导通和切断的目的。对于继电器的常开、常闭触点，可以这样来区分：继电器线圈未通电时处于断开状态的动、静触点，称为常开触点；处于接通状态的动、静触点称为常闭触点。如图 6-66 所示为常开及常闭电磁继电器符号。

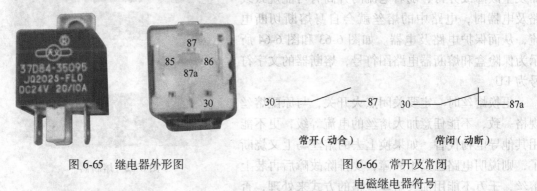

图 6-65　继电器外形图　　　　图 6-66　常开及常闭电磁继电器符号

如图 6-67 和图 6-68 所示分别为电磁继电器结构图和电磁继电器电路图符号，其文字符号为 KA。

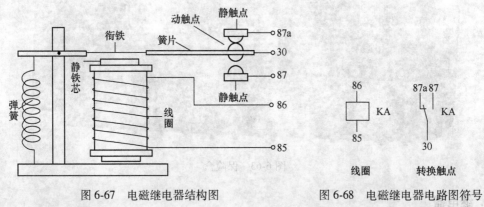

图 6-67　电磁继电器结构图　　　　图 6-68　电磁继电器电路图符号

5. 闪光继电器

（1）作用　以一定的频率（85 次/min）接通与断开电路，控制转向灯的明暗。

（2）型号　以 SG 系列为例，电压为 24V，功率为 60W/130W，频闪次数为 85 次/min。

如图 6-69 所示为闪光继电器外形图及电路图符号，其文字符号为 K。

6. 直流电磁接触器

（1）作用　利用通过线圈的小电流（0.4A），控制其触点带动的较大负载电流（50A）。

a) 外形图　　　　　　　　　　　　　b) 电路图符号

图 6-69　闪光继电器外形图及电路图符号

如在汽车起重机上，利用直流电磁接触器控制起动电动机。

（2）型号　以 MZJ-50A/006 为例，线圈额定电压为 24V，最大电流为 0.4A，触点额定电压为 48V，负载电流为 50A。

如图 6-70 所示为直流电磁接触器外形图及电路图符号，其文字符号为 K。

a) 外形图　　　　　　　　　　　　　b) 电路图符号

图 6-70　直流电磁接触器外形图及电路图符号

7. 电磁式电源总开关

（1）作用　控制全车总电源。

（2）型号　以 DK2312A 型为例，电压为 24V，电流为 300A。

如图 6-71 所示为电磁式电源总开关外形图及电路图符号，其文字符号为 K。

8. 电流表

如图 6-72 所示为电流表外形图及电路图符号，其文字符号为 PA。

（1）作用　电流表串联在充电电路中，用来指示蓄电池充电和放电状态。

（2）型号　以 DL922B 型为例，电流为 30A。

电流表串联在蓄电池与发电机之间，当发电机向蓄电池充电时，指针指向正（＋）极区，若蓄电池向负载的放电量大于发电机的充电量，则指针指向负（－）极区。

由于电流表接线柱承受电流比较大，不太安全，因此现在的汽车大都使用指示灯来观察蓄电池充放电的状态。放电状态时指示灯亮，充电状态时指示灯熄灭。

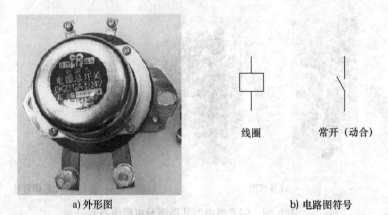

a) 外形图　　　　　　　　　　　　　b) 电路图符号

图 6-71　电磁式电源总开关外形图及电路图符号

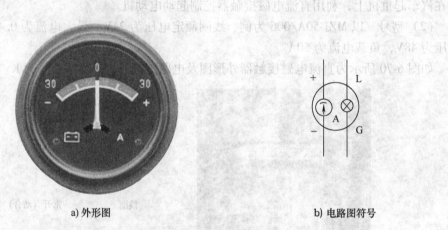

a) 外形图　　　　　　　　　　　　　b) 电路图符号

图 6-72　电流表外形图及电路图符号

电流表正极、负极不可接反，因为汽车起重机是负极搭铁，所以电流表 "-" 极接线柱应接蓄电池的相线（正极），"+" 极接线柱接交流发电机的相线。

9. 组合开关

（1）作用　控制转向、变光、超车、刮水器、洗涤和喇叭。

（2）型号　以 JK33 系为例。

如图 6-73 和图 6-74 所示分别为组合开关外形图和工作原理图。

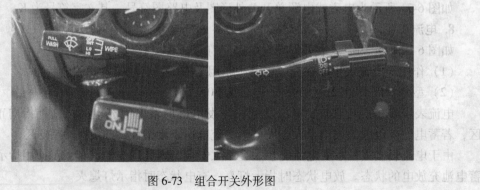

图 6-73　组合开关外形图

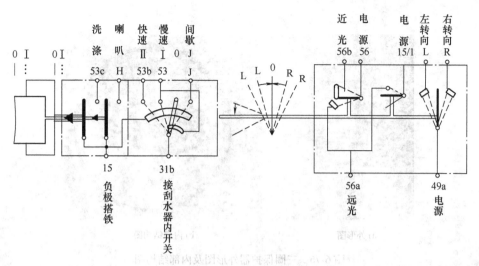

图 6-74 组合开关工作原理图

灯光组合开关及刮水器开关电路图如图 6-75 所示，其文字符号为 S。

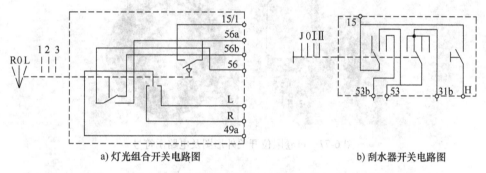

a) 灯光组合开关电路图   b) 刮水器开关电路图

图 6-75 灯光组合开关及刮水器开关电路图

10. 三圈保护器

（1）作用 用于起重机卷扬机构中防止钢丝绳过放的一种安全装置，与卷扬机构中的卷筒相联接，当卷筒上的钢丝绳接近放完时，通过行程开关切断卷扬机构的动作并报警，以防止安全事故的发生。

（2）型号 以 GF185 为例，传动比 $i = 185$，输出触点常开/常闭。

（3）调整 使钢丝绳放至卷筒剩 3~5 圈时，使行程开关动作，卷扬机构动作并报警。

如图 6-76 所示为三圈保护器外形图及内部结构图。

11. 过卷限位开关（高度限位）

当吊钩接近起重臂的臂头滑轮时，此开关动作，通过力矩限制器控制停止吊钩起升和起重臂伸出，同时声、光报警。如图 6-77 所示为过卷限位开关外形图及电路图符号，其文字符号为 S。

12. 力矩限制器

力矩限制器主要由主机（图 6-78）、显示器（图 6-79）、长度/角度传感器（图 6-80）、压力传感器（图 6-81）、高度限位器（图 6-82）及连接电缆组成。

a) 外形图　　　　　　　　　　b) 内部结构图

图 6-76　三圈保护器外形图及内部结构图

图 6-77　过卷限位开关外形图及电路图符号

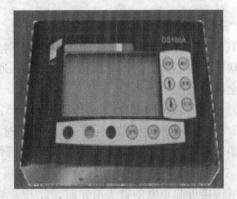

图 6-78　主机　　　　　　　　　图 6-79　显示器

三、汽车起重机电气符号及工作原理分析

1. 常用的电气符号

如图 6-83 所示为汽车起重机常用电气符号。

图 6-80　长度/角度传感器

图 6-81　压力传感器

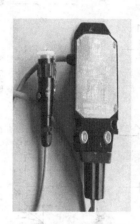

图 6-82　高度限位器

2. 常用标志框

如图 6-84 所示为汽车起重机常用标志框。

3. 图幅分区

图幅分区的方法：在图的边框外，竖边方向用大写拉丁字母，横边方向用阿拉伯数字。编号的顺序从标题栏相对的左上角开始，分区数为偶数。如图 6-85 所示为汽车起重机图幅区分示例。

1）行的代号（大写拉丁字母）分为 4 行 A~D。

2）列的代号（阿拉伯数字）分为 6 列 1~6。

3）用区的代号表示。区的代号为字母和数字的组合，字母在左，数字在右。

如示例图中继电器 K1 线圈的位置为 C 行 2 列，区号为 C2；K1 的触点的位置为 B 行 5 列，区号为 B5。

电源 1L（3/B.4）来自第 3 页的 B 行 4 列，1L（6/A.1）的去向为第 6 页的 A 行 1 列。

4. 起重机电气装置常用文字符号（见表 6-2）

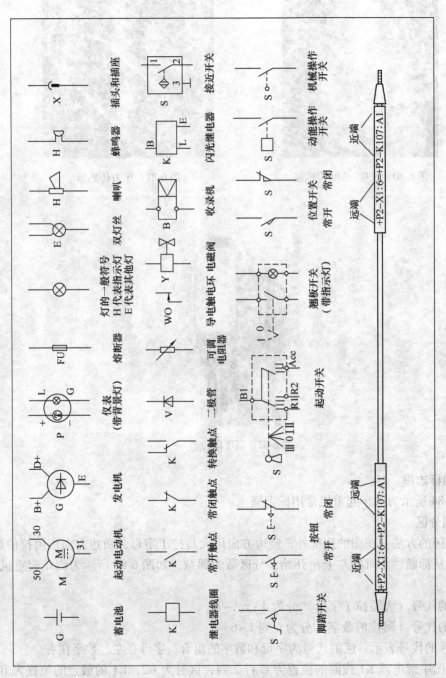

图 6-83 汽车起重机常用电气符号

注：在国家标准GB/T 4728.8—2022 中，喇叭的电气符号属于"废除——仅供参考的符号"。

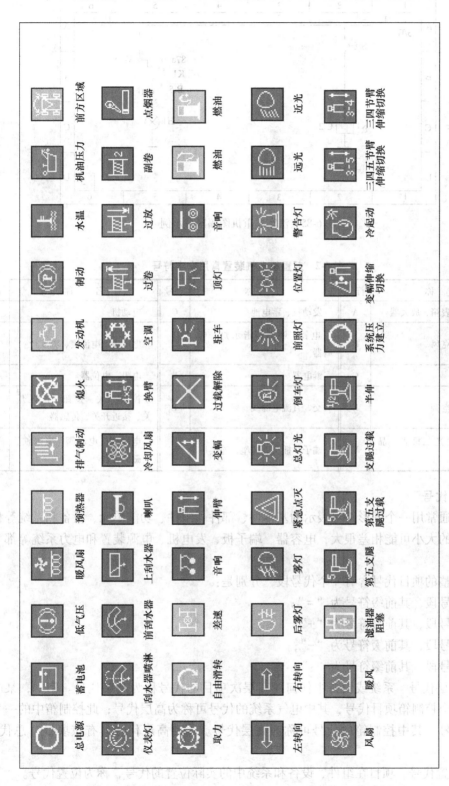

图 6-84　汽车起重机常用标志框

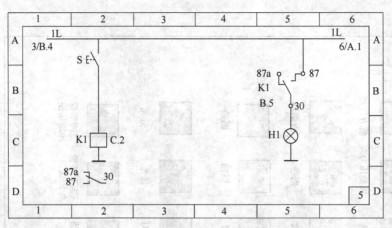

图 6-85　汽车起重机图幅区分示例

表 6-2　起重机电气装置常用文字符号

名　　称	符号	名　　称	符号	名　　称	符号
控制柜、仪表箱、放大器	A	发动机、蓄电池	G	电动机	M
扬声器、麦克风	B	电铃、喇叭、指示灯、蜂鸣器	H	电压表、电流表、温度计	P
电容器	C	继电器	K	电阻、电位器	R
发热器件、空调	E	交、直流电源线	L	控制开关、按钮、位置开关、接近开关、传感器	S
二极管、发光二极管、晶体管	V	端子、插头、插座、连接片	X	电磁阀、电动阀、电磁铁、电磁离合器	Y

5. 项目代号

在图上通常用一个图形符号表示的基本件、部件、组件、功能单元、设备和系统等称为项目。项目的大小可能相差很大，电容器、端子板、发电机、电源装置和电力系统等都可以称为项目。

一个完整的项目代号含有 4 个代号段，分别是：

高层代号段，其前缀符号为"="；

位置代号段，其前缀符号为"+"；

种类代号段，其前缀符号为"-"；

端子代号段，其前缀符号为"∶"。

（1）高层代号　系统或设备中任何较高层次项目的代号称为高层代号。例如，某电气系统中的一个控制箱项目代号，其中电气系统的代号可称为高层代号；此控制箱中的一个开关的项目代号，其中控制箱的代号可称为高层代号。因此高层代号具有该项目"总代号"的含义。

（2）位置代号　项目在组件、设备和系统中的实际位置的代号，称为位置代号。

（3）种类代号　识别项目种类的代号，称为种类代号。

（4）端子代号 项目具有端子标记时，表示端子标记的代号。

下面以某产品项目代号为例说明（图6-86）。

6. 汽车起重机电气原理分析

（1）底盘起动及充电电路（图6-87） 充电指示灯通路中，接通电源开关K1，蓄电池正极经K1、电流表P1、熔断器F3、充电指示灯H1、发电机磁场绕组、发电机E搭铁端形成通路，充电指示灯亮起。

当发动机起动后，发电机的电压达到或高于蓄电池电压时，充电指示灯两端电压相等，充电指示灯灭，提示发电机已正常发电。

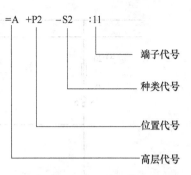

图6-86 项目代号说明

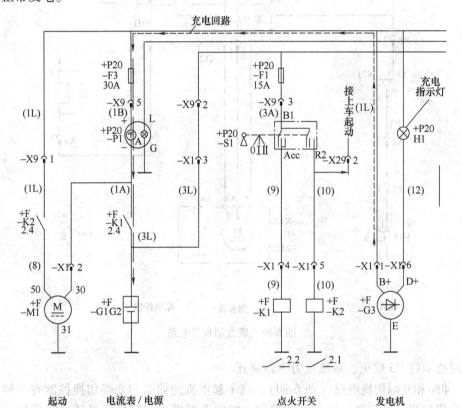

图6-87 底盘起动及充电电路

（2）底盘刮水器电路（图6-88） 刮水器内开关作用为，当控制刮水器的开关在任意时刻断开时，保证刮水器停在驾驶窗玻璃的边侧。

（3）上车电路

1）系统压力建立电路（图6-89）。将翘板开关拨到系统压力建立位置，则图中S14开关处于1位置，常开触点接通，继电器K3、K11线圈通电，先导阀中的电磁换向阀Y0线圈得电，同时指示灯H5点亮，系统压力电路接通；将翘板开关拨到取消系统压力位置，则图中S14开关处于0位置，常开触点断开，继电器K3、K11线圈断电，电磁换向阀Y0线圈失

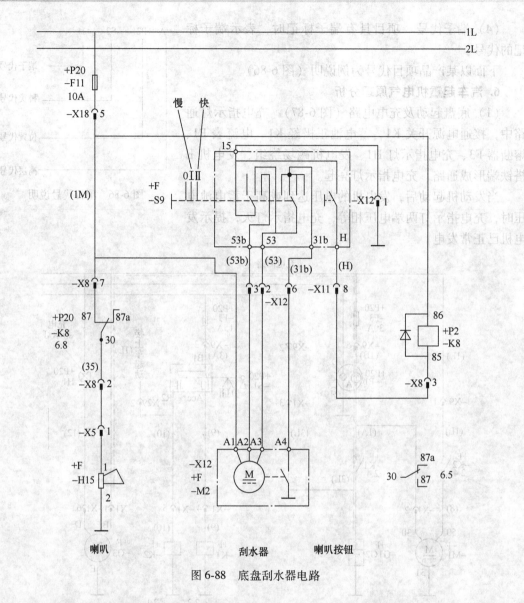

图 6-88　底盘刮水器电路

电，同时指示灯 H5 熄灭，系统压力电路断开。

2）伸缩和变幅切换电路（图 6-90）。汽车起重机的伸缩和变幅切换控制有 2 种，一种是点动按钮控制，另一种是翘板开关控制。操作者可根据实际情况灵活选择使用。当松开 S18 按钮，同时将翘板开关 S19 置于 0 位时，电磁换向阀 Y4、Y5 线圈断电，变幅指示灯 H9 点亮，此时汽车起重机为变幅控制。当按下 S18 按钮时，或将翘板开关 S19 置于 1 位时，电磁换向阀 Y4、Y5 线圈得电，伸缩指示灯 H8 点亮，此时为汽车起重机伸缩控制。

3）自由回转电路（图 6-91）。同伸缩和变幅切换控制一样，自由回转控制也分为点动和连续控制 2 种。系统压力建立后，继电器 K11 线圈得电，K11 常开触点闭合；将翘板开关 S12 置于 1 位，或按下按钮 S13，继电器 K2 线圈得电，K2 常开触点闭合，电磁换向阀 Y3 得电，同时指示灯 H14 点亮，回转制动解除；此时按下 S17 或 S11，继电器 K1 线圈得电，K1 常开触点闭合，电磁换向阀 Y2 得电，指示灯 H7 点亮，实现自由回转。

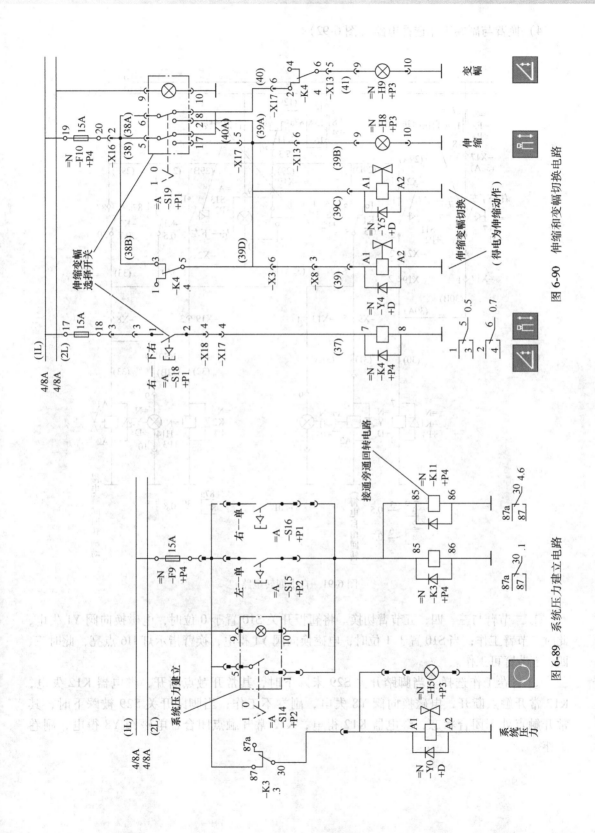

图 6-90 伸缩和变幅切换电路

图 6-89 系统压力建立电路

4）换臂与副卷工作选择电路（图6-92）。

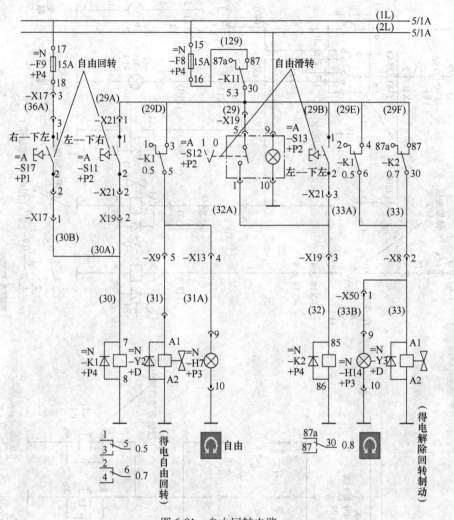

图 6-91　自由回转电路

① 二节臂与三、四、五节臂切换。将翘板开关 S10 置于 0 位时，电磁换向阀 Y1 失电，此时二节臂工作；当 S10 置于 1 位时，电磁换向阀 Y1 得电，换臂指示灯 H6 点亮，此时三、四、五节臂可工作。

② 副卷工作选择。当脚踏开关 S29 未踩下时，其常开触点断开，继电器 K12 失电，K12 常开触点断开，电磁换向阀 Y8 失电，副卷不工作；当脚踏开关 S29 被踩下时，其常开触点处于闭合状态，继电器 K12 得电，K12 常开触点闭合，电磁阀 Y8 得电，副卷工作。

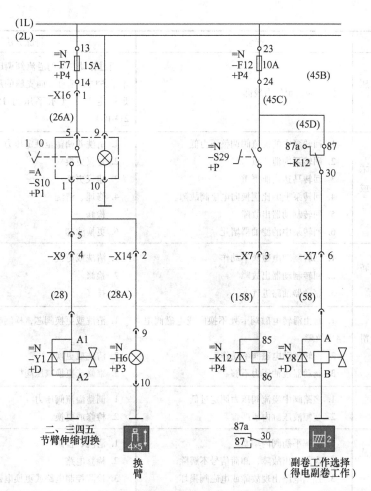

图 6-92　换臂与副卷工作选择电路

第四节　汽车起重机液压与电气常见故障排除

一、液压系统常见故障排除

液压系统常见故障及排除方法见表 6-3。

表 6-3　液压系统常见故障及排除方法

故障现象	产生原因	排除方法
底盘支腿无法伸出、缩回或动作缓慢	1. 溢流阀故障	1. 检查右前支腿阀上的溢流阀工作是否正常（拧动调节溢流阀看压力表是否有反应），若有故障就拆下来清洗或更换
	2. 电磁阀故障	2. 用万用表检查电磁阀是否通电，若不通电则更换电磁阀
	3. 液压缸油塞密封损坏	3. 检查液压缸是否有内泄、漏油现象，检查并更换密封

（续）

故障现象	产生原因	排除方法
底盘液压系统压力低	溢流阀设定压力较低	通过拧动左右的溢流阀调压螺钉来重新调整水平方向和垂直方向支腿的压力，使压力值满足规定要求（水平压力15MPa，垂直压力21MPa）
上车回转机构不回转，且无压力或压力低	1. 回转泵中的溢流阀调整压力低 2. 回转泵内泄严重 3. 回转马达内泄严重 4. 回转泵上的比例换向电磁阀故障 5. 回转制动器出故障 6. 回转泵中的滤油器堵死	1. 清洗并调整至规定压力 2. 建议更换 3. 建议更换 4. 修理、清洗 5. 检修 6. 更换滤芯
回转机构不回转且憋压	1. 回转制动电磁阀不动作 2. 回转制动器出故障 3. 制动器油路进气	1. 清洗或更换 2. 检修 3. 排气
无自由滑转及滑转—锁紧转换	1. 自由滑转电磁阀卡死不换向或电磁阀电路出故障 2. 回转制动电磁阀不动作 3. 制动器进油压力不够	1. 清洗或更换阀芯，检测电路 2. 清洗或更换 3. 维修或更换减压阀杆
变幅液压缸不能升起	1. 多路阀中溢流阀压力调定过低 2. 变幅液压缸内泄严重	1. 调整溢流阀压力 2. 检修或更换
变幅液压缸不能落回	1. 变幅平衡阀内堵塞 2. 高限器出故障，卸荷信号不解除 3. 控制电路出现故障或电磁阀损坏	1. 清洗、检修 2. 检修电路 3. 检测控制电路或更换电磁阀
作业中变幅液压缸自动缩回	1. 液压缸内部漏油 2. 平衡阀出故障，锁不住	1. 修理或更换 2. 修理或更换
吊臂不能伸出	1. 多路阀中溢流阀压力调定过低 2. 液压缸内泄严重	1. 调整至设定值 2. 更换密封
吊臂不能缩回	上车多路阀的伸缩控制阀中控制伸出的溢流阀压力调定过低	清洗、调整
作业中吊臂自然缩回	1. 平衡阀出故障，锁不住 2. 液压缸内部漏油	1. 修理或更换 2. 修理或更换
起升机构不能起钩	1. 上车多路阀溢流阀调定压力过低 2. 液压马达出故障 3. 力限器出故障，卸荷信号无法解除 4. 起升制动器打不开	1. 调整至设定值 2. 检修 3. 检修 4. 检修
起升机构不能落钩	1. 起升平衡阀出故障 2. 起升平衡阀控制油路堵死 3. 起升制动器出故障 4. 制动器进油路没有压力	1. 检修 2. 检修 3. 检修 4. 检查平衡阀

（续）

故障现象	产生原因	排除方法
起升机构制动器失效，重物下滑	1. 制动器摩擦片有油 2. 摩擦片磨损 3. 制动油路进气 4. 制动液压缸内泄	1. 清洗 2. 调整或更换 3. 排气 4. 更换密封

二、电气系统常见故障排除

电气系统常见故障及排除方法见表6-4。

表6-4　电气系统常见故障及排除方法

故障现象	产生原因	排除方法
底盘全车无电	1. 蓄电池无电或连接线松动脱落 2. 起动开关无法正常工作 3. 元件之间导线断开，插接件脱落 4. 接地线接触不良 5. 电源开关故障	1. 根据蓄电池上的状态显示器判断蓄电池是否有电，检查蓄电池上所有的连接线是否松动或脱落，根据情况给蓄电池充电或接线 2. 检查起动和送电是否正常，若不正常则修复或更换起动开关 3. 打开驾驶室前盖板，检查元件之间是否有导线断开或插接件脱落的现象，根据情况重新接线，重新固定 4. 检查总接地线是否接触不良，重新接地 5. 先用万用表检查电源开关是否通电，再检查接地线是否符合要求，根据情况修复或更换
底盘转速表工作不正常	1. 熔丝无电源或烧断 2. 转速表不工作 3. 转速表传感器损坏	1. 检查熔丝有无电源、是否烧断，若损坏则更换 2. 用万用表测量仪表的阻值和电压，若测量后发现参数相差较大，则更换转速表 3. 用万用表测量发电机上转速表传感器的阻值和电压，若测量后发现参数相差较大，则更换传感器
上车无法送电	1. 蓄电池连接点不牢靠 2. 检查熔丝是否烧断 3. 电源继电器线圈及触点状况不正常	1. 对蓄电池进行检查并测量电压是否正常，检查蓄电池处的接线是否牢靠 2. 更换新熔丝 3. 更换新的电源继电器
上车有电无法正常起动	1. 起动开关损坏 2. 继电器线圈、触点结合不正常	1. 更换起动开关 2. 检修

复习思考题

1. 汽车起重机的分类有哪些？
2. 汽车起重机的工作装置组成有哪些？
3. 汽车起重机底盘液压元件有哪些？
4. 汽车起重机上车液压元件有哪些？

5. 简述汽车起重机底盘电气系统组成。

6. 简述汽车起重机上车电气系统组成。

7. 简述三圈保护器的作用。

8. 简述汽车起重机吊臂无法伸出的故障产生原因及排除方法。

第七章

混凝土泵车液电控制技术

第一节　认识混凝土泵车

一、概述

1. 混凝土泵车的用途

混凝土泵车是将混凝土泵的泵送机构和用于布料的液压卷折式布料臂架和支撑机构集成在汽车底盘上，集行驶、泵送和布料功能于一体的高效混凝土输送设备。其主要适用于住宅小区、体育场馆、立交桥和机场等建筑施工时混凝土的输送。

2. 混凝土泵车的分类

（1）按臂架长度分类

1）短臂架：臂架垂直高度小于 30m。

2）常规型：臂架垂直高度大于或等于 30m 小于 40m。

3）长臂架：臂架垂直高度大于或等于 40m 小于 50m。

4）超长臂架：臂架垂直高度大于或等于 50m。

其主要规格有 24m、28m、32m、37（36）m、40m、42m、45（44）m、48（47）m、50m、52m、56（55）m、60（58）m、62m、66（65）m。

（2）按泵送方式分类　主要有活塞式和挤压式，另外还有水压隔膜式和气罐式。目前，以液压活塞式为主流，挤压式仍保留一定份额，主要用于灰浆或砂浆的输送，其他形式均已被淘汰。

（3）按分配阀类型分类　按照分配阀形式可以分为 S 阀和闸板阀等。目前，使用最为广泛的是 S 阀，具有简单可靠、密封性好和寿命长等特点；在混凝土料较差的地区，闸板阀也占有一定的比例。

（4）按臂架折叠方式分类　臂架的折叠方式有多种，按照卷折方式分为 R（卷绕式）型、Z（折叠式）型、RZ 综合型（图 7-1）。R 型臂架结构紧凑；Z 型臂架在打开和折叠时动作迅速。

（5）按支腿形式分类　支腿形式主要根据前支腿的形式分类，主要有前摆伸缩型、X 型、XH 型（前后支腿伸缩）、后摆伸缩型、SX 弧型和 V 型支腿等（图 7-2）。

1）前摆伸缩型：此种支腿一般级数为 3~4 级，其伸缩结构一般采用多级伸缩液压缸、捆绑液压缸、液压缸带钢绳和马达带钢绳（或链条）等方式，后支腿摆动。在国外，德国

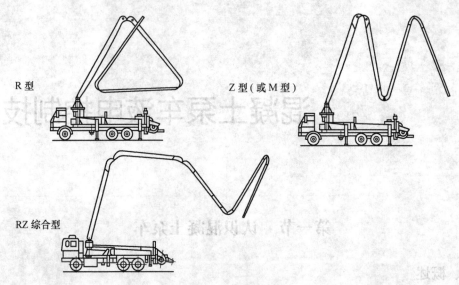

图 7-1 臂架常用型式

R 型

Z 型（或 M 型）

RZ 综合型

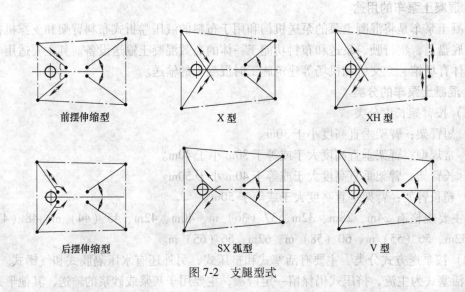

前摆伸缩型

X 型

XH 型

后摆伸缩型

SX 弧型

V 型

图 7-2 支腿型式

PUTZMEISTER 长臂架泵车使用较多，展开占用空间少，能够实现 180°单侧支撑，要求制造难度稍高。

2）X 型：该类型支腿前支腿伸缩，后支腿摆动。在国外的中、短臂架泵车中使用较为广泛，展开占用空间小，能够实现 120°~140°的单侧支撑功能，国内部分厂家也能提供此类形式产品，如三一、徐工等。

3）XH 型：该类型支腿前后支腿伸缩。在国外短臂架泵车中有较大的使用量。

4）后摆伸缩型：该类型前支腿朝车后布置，工作时可以摆动并伸缩，后支腿直接摆动到工作位置。国内外使用最为广泛，属于传统型支腿。

5）SX 弧型：前支腿沿弧形箱体伸出，后支腿摆动。德国 SCHWING 公司专利技术，在其产品系列中大量使用，且在节约泵车施工空间和减重两方面都有一定优势。

6）V 型：国内厂家三一专利结构。前支腿呈 V 型伸缩结构，一般为 2~4 级，后支腿摆动。

3. 混凝土泵车的型号表示方法

如图 7-3 所示，以徐工集团 37 米混凝土泵车为例，对其型号表示方法进行介绍。

4. 混凝土泵车主要技术参数

（1）理论输送方量（m³）
理论输送方量值反映了泵送设备的工作速度和效率。

（2）理论泵送压力（MPa）
理论泵送压力是指混凝土泵送设备的出口压力，也就是当泵送液压系统达到最大压力时所能提供的最大混凝土泵送压力，通过高低压切换，最大出口压力将不同。

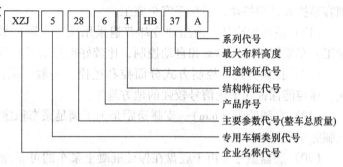

图 7-3　混凝土泵车的型号表示方法

（3）输送缸内径（mm）×行程（mm）　输送缸的内径一般为 230mm 或 260mm，它基本能满足吸料性的要求；而行程一般在 2000mm 左右，在满足理论输送方量的同时具有合适的换向频率。

（4）液压系统形式　液压系统形式是指主泵送系统的液压系统形式，分为开式和闭式 2 种。徐工集团中小方量泵和短臂架泵车采用开式和闭式并存，大方量泵及中长臂架泵车则采用闭式，自徐工集团收购施维英公司以来，主要生产新一代开式系统。

（5）分配阀形式　混凝土泵送设备分配阀形式主要有"S"管阀、闸板阀和"C"型阀等。"S"管阀由于具有密封性好、使用方便、寿命长以及料斗不容易积料等优点而被广泛使用。

（6）料斗容积（L）　料斗容积一般在 600L 左右，但在放料时一般不宜太满，以免增加搅拌阻力，或使搅拌轴密封及其他密封早期磨损；但料也不能低于搅拌轴，否则容易吸空，影响泵送效率。

（7）上料高度（mm）　上料高度一般在 1500mm 左右，主要是为了满足混凝土搅拌输送车方便卸料的要求。

（8）垂直布料高度（m）　垂直布料高度为厂家标定的臂架长度，如 37m 泵车的垂直布料高度约为 37m。

（9）水平布料半径（m）　水平布料半径指实际臂架长度，为垂直布料高度减去整车高度。

（10）布料深度（m）　布料深度一般约为实际臂架长度减去第一臂的长度。

（11）回转角度（°）　为满足混凝土泵车全方位的工作需要，一般回转角度在 360° 左右，由回转限位进行控制。

（12）臂节数量　混凝土泵车臂节数量一般有 3、4、5 节，臂节越多，伸展越灵活，但控制时的要求也高，引起的抖动也可能更大。

（13）臂节长度（mm）　混凝土泵车臂架单节长度，主要由臂架形式等要求决定。

（14）展臂角度（°）　混凝土泵车展臂角度是为了满足臂架的动作空间而设计的，使其能方便快捷地到达工作位置。

（15）输送管直径（mm）　目前的输送管直径大多为125mm，当混凝土泵车的泵送方量为120m³左右时能满足比较理想的混凝土流动速度。

（16）末端软管长度（m）　混凝土泵车末端软管长度一般为3m，太短则不方便，太长则容易扩大臂架抖动，不利于安全施工。

（17）液压油冷却　液压油冷却普遍采用风冷，风机采用电动机驱动或采用液压驱动。徐工泵车采用了液压驱动和自动控制，比较好地控制了液压系统的温度。

（18）控制方式　控制方式分面控和遥控，一般厂家都同时采用了面控和遥控2种方式，遥控能保证在干扰信号较强的地方施工。

（19）支腿跨距（mm）　支腿跨距是为了满足泵车稳定性而要求的，在施工中必须保证支腿完全展开。

（20）底盘型号　由于底盘在保证混凝土泵车的可靠性方面具有很关键的意义，因此用户一般很关心其底盘生产厂家和型号；同时底盘的品牌也增加了用户的使用品牌价值。

（21）发动机功率（W）　发动机功率除了满足行驶工况需要外，一般主要是为了满足作业工况。

（22）整车外形尺寸（mm）　对于泵车，整车外形尺寸有时决定了其是否具有行驶的通过能力，以及能否适应工地作业场地的要求。

二、混凝土泵车基本构造与工作原理

1. 基本构造

混凝土泵车的种类很多，但是其基本组成部件是相同的。混凝土泵车主要由底盘、臂架系统、转塔、泵送机构、液压系统和电气系统6大部分组成，如图7-4所示。

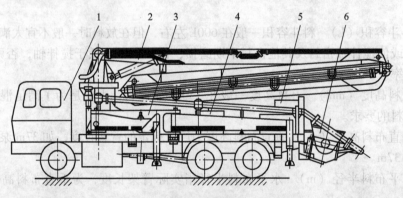

图7-4　混凝土泵车基本构造

1—底盘　2—臂架系统　3—转塔　4—液压系统　5—电气系统　6—泵送机构

其中底盘由汽车底盘、分动箱和付梁等部分组成。臂架系统由多节臂架、连杆、液压缸和连接件等部分组成。转塔由转台、回转机构、固定转塔（连接架）和支撑结构等部分组成。泵送机构由主液压缸、水箱、输送缸、砼活塞、料斗、S阀总成、摇摆机构、搅拌机构、出料口和配管等部分组成。液压系统主要分为泵送液压系统和臂架液压系统2大部分。泵送液压系统包括主泵送油路系统、分配阀油路系统、搅拌油路系统及水泵油路系统；臂架液压系统包括臂架油路系统、支腿油路系统和回转油路系统3部分。

2. 臂架及支腿系统

（1）混凝土泵车的上装总成　混凝土上装总成主要包含臂架部分、支腿部分和回转部分。支腿部分安装在底盘车架上方的回转底座上，臂架部分由转台与回转底座相连。4条支腿的动作由左右支腿多路阀控制支腿摆动液压缸或伸缩液压缸，臂架在回转液压马达的驱动下可实现360°回转，而各节臂的展开由上车多路阀控制各节臂的臂架液压缸驱动。其结构组成如图7-5所示。

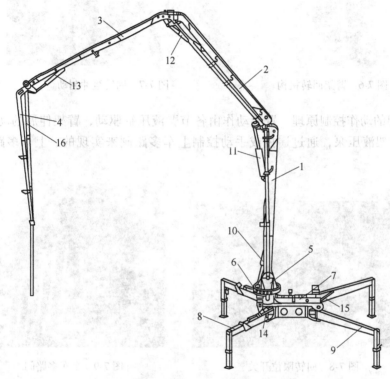

图7-5　混凝土泵车上装总成结构组成

1~4—第一~四节臂　5—转台　6—回转装置　7—回转底座　8、9—前、后支腿
10~13—臂架液压缸　14—前支腿摆动液压缸　15—后支腿摆动液压缸　16—臂架混凝土输送管

（2）臂架的回转控制原理　臂架为满足全方位施工的需要，需要有360°的回转。臂架上转台上方与第一节臂铰接，下方与回转支承外齿圈相连。臂架的固定支座是臂架的支撑基础，与副车架焊接，上部与回转支承内齿圈固定。通过回转支承内、外齿圈的相对运动，实现臂架的回转运动。液压马达驱动减速机，减速机带动小齿轮，啮合回转支承外齿圈使上转台与臂架旋转。如图7-6所示为臂架回转机构。

如图7-7所示为回转缓冲制动，回转限位为位置开关，当位置开关动作时，电信号直接控制缓冲制动阀上的卸荷电磁铁或切断上车多路阀上的回转电磁阀电源，停止限制臂架继续回转，实现限位功能。

如图7-8所示为回转限位开关，缓冲制动阀一方面能够在上车多路阀上给出回转要求时，通过液压油驱动液压马达，同时打开制动器；另一方面，当回转完成后能及时关闭进出油口，并起动制动器保证臂架定位准确。另外，缓冲制动阀也能在臂架受到冲击时产生溢流缓冲作用，保护臂架不受损害，延长臂架使用寿命。

图 7-6　臂架回转机构

图 7-7　回转缓冲制动

（3）臂架的动作控制原理　臂架动作由各节臂液压缸驱动，臂架伸展的动力是从与分动箱相连的臂架液压泵，通过遥控或手动控制上车多路阀来实现的。上车多路阀如图 7-9 所示。

图 7-8　回转限位开关

图 7-9　上车多路阀

臂架运动控制通过遥控器操作，上车多路阀的电比例电磁铁分快、慢两档，能实现无级调速控制，保证臂架运动平稳准确到位。在遥控器操作故障时，也可以通过上车多路阀手柄对臂架进行操作。

为实现臂架安全工作需要，臂架液压缸的进、出油口装了一对平衡阀，平衡阀能保证臂架动作实现的同时及时关闭进出油口，保证臂架定位准确；另外，平衡阀也能在臂架受到冲击时产生缓冲作用，保护臂架不受损害，延长臂架的使用寿命。

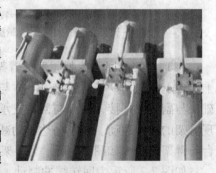
图 7-10　液压锁

（4）支腿伸缩控制　混凝土泵车工作时都必须依靠支腿液压缸支撑设备，由于混凝土泵送设备工作时具有较大的冲击载荷，支腿液压缸受力情况复杂，在支腿液压缸的进、出油口一般必须加装液压锁（图 7-10），使支腿垂直液压缸在没有得到控制时不会出现下沉的"软腿"现象，保证混凝土泵送设备的安全。

混凝土泵车的支腿液压系统与臂架系统共同采用同一台液压泵，但支腿操作时臂架不能同时动作而且必须保证臂架回收到位。支腿的展开必须到位，而且必须保证设备的水平度要求，以确保满足混凝土设备在臂架动作时的稳定性要求。

3. 混凝土泵车的泵送系统

（1）混凝土泵送系统构成　混凝土泵送系统由泵送液压缸、水槽、混凝土输送缸、S摆管、搅拌系统、料斗和摆动液压缸等部件组成，如图7-11所示。

（2）混凝土泵送系统工作原理　目前的混凝土泵送设备大多为活塞式混凝土泵，本书也只对活塞式混凝土泵进行介绍。它由2只往复运行的主液压缸和两只混凝土缸分别通过活塞杆连接而成，借助主液压缸的液压油来驱动混凝土活塞。活塞式混凝土泵靠活塞在缸内往复运动，在分配阀的配合下完成混凝土的吸入和排出。如图7-12所示即为活塞泵工作过程图。

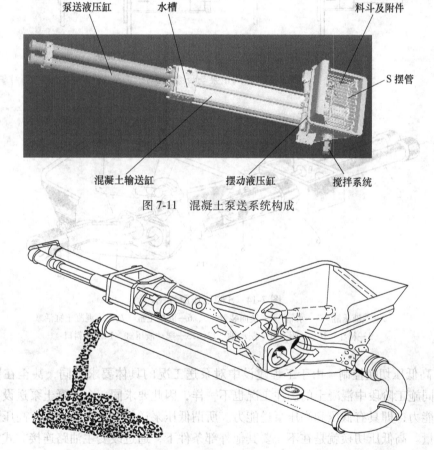

图7-11　混凝土泵送系统构成

图7-12　活塞泵工作过程图

正泵：混凝土活塞在退回时从料斗中将混凝土吸入混凝土缸，而混凝土活塞前进时将混凝土缸中的混凝土从出料口推向输送管。

反泵：混凝土活塞在退回时将混凝土输送管中的混凝土吸回混凝土缸，而混凝土活塞前进时将混凝土缸中的混凝土推回料斗中。如图7-13所示为S阀正泵与反泵状态图。

S阀工作原理（图7-14）：泵送混凝土时，在主液压缸1、2和摆动液压缸12、13驱动下，当左侧混凝土缸 6 与料斗 9 连通时，右侧混凝土缸 5 与 S 阀 10 连通。在大气压的作用下左侧混凝土缸活塞 8 向后移动，将料斗中的混凝土吸入混凝土缸 6（吸料缸），同时压力油使右侧混凝土缸活塞 7 向前移动，将该侧混凝土缸 5（排料缸）中的混凝土推入 S 阀，经出料口 14 及外接输送管将混凝土输送到浇注现场。当左侧混凝土缸活塞后移至行程终端时，两主液压缸油压换向，摆动液压缸 12、13 使 S 阀 10 与左侧混凝土缸 6 连接，该侧混凝土缸活塞 8 向前移动，将混凝土推入分配阀，同时，右侧混凝土缸 5 与料斗 9 连通，并使该侧混凝土缸活塞 7 后移，将混凝土吸入混凝土缸，从而实现连续泵送。

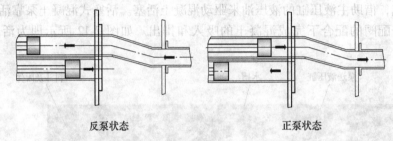

反泵状态　　　　　　　　　正泵状态

图 7-13　S 阀正泵与反泵状态图

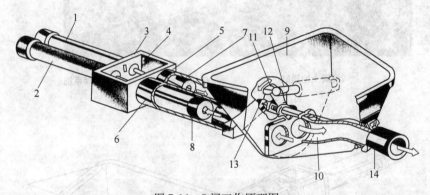

图 7-14　S 阀工作原理图

1、2—主液压缸　3—水箱　4—换向装置　5、6—混凝土缸　7、8—混凝土缸活塞
9—料斗　10—S 阀　11—摆动轴　12、13—摆动液压缸　14—出料口

（3）高低压切换控制　由于工程建设中对泵送工况的具体要求不同，甚至在同一施工场地的不同施工阶段中混凝土的浇注工况也不一样，因此要求同一台混凝土泵送设备具有不同的泵送能力，即具有低压和高压泵送能力。所谓低压泵送就是低压大方量，高压泵送就是高压小方量。高低压切换就是在不需要其他外部条件下，通过改变主油路连接方式实现高低压泵送方式的改换。

高低压切换是通过改变主油路连接实现液压油进入液压缸的部位改变，当液压油从有杆腔进入推动活塞时，由于作用面积较小，混凝土泵的出口压力也较小，而速度较快，这种泵送方式为低压泵送；而当液压油从无杆腔进入推动活塞时，由于作用面积较大，混凝土泵的出口压力也较大，而速度较慢，这种泵送方式为高压泵送。

（4）搅拌控制原理　搅拌系统工作原理比较简单，搅拌轴采用 3 段结构，中间轴安装在料斗中，对吸入的混凝土进行再搅拌，保证混凝土均匀，同时不断地将离吸入口较远的混凝土向吸入口附近泵送，防止料斗中积料。搅拌叶片除了要保证搅拌功能外，还要具有较小的搅拌阻力和耐磨性能。半轴通过联轴器与液压马达相联，采用单马达驱动，如图 7-15 和图 7-16 所示分别为搅拌系统结构图和搅拌系统俯视图。

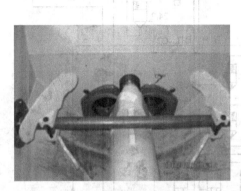

图 7-15 搅拌系统结构图

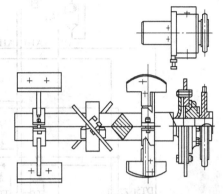

图 7-16 搅拌系统俯视图

搅拌系统由液压马达驱动，采用较多的是摆线马达和径向球马达，搅拌系统一般不要求调速且压力也较低，一般采用定量液压齿轮泵，系统最大压力由溢流阀调定。为解决搅拌时搅拌叶片可能被大石头卡死或混凝土太干而搅不动时的反转问题，搅拌系统中一般装有压力继电器，当系统压力达到设定值时，电磁换向阀换向自动实现反搅拌，反搅拌的时间一般由时间继电器或 PLC 给定。

第二节 混凝土泵车液压控制原理

液压系统是混凝土泵送设备的核心部分，液压系统质量的好坏会直接影响主机的工作性能和效率。混凝土泵送设备的主泵送液压系统采用闭式系统。闭式系统指系统油路在动力元件和执行元件间循环，不通过液压油箱，通过补油和冲洗油路与油箱进行交换。闭式回路换向平稳，系统清洁度较高。

一、泵送单元液压系统

泵送单元液压系统按功能可分为 3 大部分，即主泵送油路系统，S 摆管驱动系统及清洗、搅拌和冷却油路系统。

液压系统目前普遍采用双泵双回路，泵送油路和分配油路独立，互不干涉，双信号换向实现了泵送与分配协调，进而保障了泵送设备的整体性能。下面按系统对泵送设备液压系统进行介绍。

1. 主泵送油路系统

（1）主回路 如图 7-17 所示为小排量泵送系统液压回路，该回路由主液压泵 5、电磁溢流阀 7、高压过滤器 10、主四通阀 14 和主液压缸 26 组成。主液压泵为恒功率并带压力切断的电比例泵，电磁溢流阀 7 起安全阀的作用，并可控制系统的负载和卸荷。

主液压缸 26 是执行机构，驱动左右输送缸内的砼活塞来回运动；主四通阀 14 的 A1、B1 出油口则通过高低压切换回路与左右主液压缸的活塞腔油口 A1H、B1H 和活塞杆腔油口

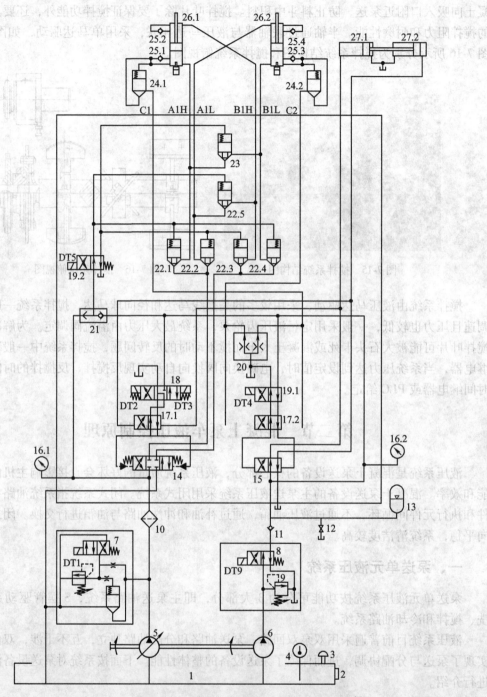

图 7-17 小排量泵送系统液压回路

1—油箱　2—液位计　3—空气滤清器　4—温度计　5—主液压泵　6—齿轮泵　7—电磁溢
流阀　8、18、19—电磁换向阀　9—溢流阀　10—高压过滤器　11、25—单向阀　12—球阀
13—蓄能器　14—主四通阀　15—摆缸四通阀　16—压力表　17—小液压阀　20—泄油阀　21—梭阀
22、23—插装阀　24—螺纹插装阀　26—主液压缸　27—摆阀液压缸

A1L、B1L 连通，因此它的换向最终使左右输送缸内砼活塞运动方向改变。

（2）砼活塞自动退回控制原理　该回路的液压原理如图 7-18 所示，由单向阀 1、电磁换向阀 2 和限位液压缸 3 组成。当电磁铁 DT11 不得电时，电磁换向阀 2 处于右位，则蓄能器压力油通过电磁换向阀 2 进入到限位液压缸 3 内，并通过单向阀 1 将 2 个限位液压缸 3 的活塞固定在上位，这样主液压缸活塞只能运动正常行程位置。当需要更换或检查砼活塞时，在电控柜上起动"退砼活塞"，则系统处于憋压状态，并让电磁铁 DT11 得电，电磁换向阀 2 处于左位，当主液压缸活塞向后运动到正常行程位置后通过向限位液压缸活塞施加压力，促使相应的限位液压缸的液压油通过电磁换向阀 2 左位泄回油箱，主液压缸活塞得以继续向后运动，从而将砼活塞退回至洗涤室中。主液压缸和限位液压缸的结构简图如图 7-19 所示。

（3）分配阀回路　该回路由齿轮泵 6、电磁换向阀 8、溢流阀 9、单向阀 11、蓄能器 13、摆缸四通阀 15 和摆阀液压缸 27 组成。其中由齿轮泵 6、电磁换向阀 8 和溢流阀 9 形成恒压油源，电磁换向阀 8 在泵送作业时一直处于得电状态；在待机状态下则进行得断电的循环，以保证蓄能器 13 的压力不为零，又不至于使齿轮泵压力油总处于溢流状态，消耗功能产生热量。

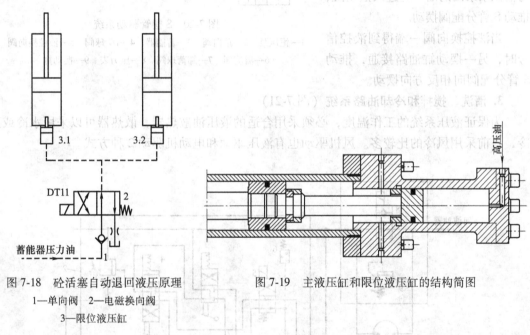

图 7-18　砼活塞自动退回液压原理　　　　图 7-19　主液压缸和限位液压缸的结构简图
1—单向阀　2—电磁换向阀
3—限位液压缸

摆阀液压缸 27 是执行机构，驱动"S 管"分配阀左右摆动；摆缸四通阀 15 的 A、B 出油口分别与左右摆阀液压缸的活塞腔连通，因此它的换向最终致使"S 管"分配阀换向。

（4）自动高低压切换回路　该回路由插装阀 22、插装阀 23、电磁换向阀 19.2 和梭阀 21 组成。它的工作原理是利用插装阀的通断功能形成"高压"和"低压"2 种工作回路，并用电磁换向阀以切换控制压力油的方式来切换这 2 种工作回路。

（5）全液压换向回路　该回路的功能是实现"正泵"和"反泵"2 种混凝土作业模式，并由液压系统自行完成主液压缸和摆阀液压缸的交替换向。其中包括小液压阀 17、电磁换向阀 18、电磁换向阀 19.1、泄油阀 20、螺纹插装阀 24 和单向阀 25。正泵和反泵在控制上的区别在于得电的电磁铁不一样，从而使相关控制油路发生变化：正泵是电磁铁 DT1 和

DT2 得电，反泵是电磁铁 DT1、DT3 和 DT4 得电。

2. S 摆管驱动系统（图 7-20）

S 摆管驱动系统由恒压泵、单向阀、蓄能器、D7 球阀、液控换向阀、溢流阀、卸荷球阀、压力表及摆动缸组成。

当液控换向阀 5 无液控信号时，阀芯处于中位，油路不通，恒压泵 1 泵出的油经单向阀 2 进入蓄能器 3，当蓄能器内压力达到 19MPa 时，恒压泵基本不再输出油液。

当液控换向阀一端得到液控信号时阀芯移动，摆动缸 9 油路接通，蓄能器内储存的压力油经 D7 球阀 4 与恒压泵泵出的油一起进入摆动缸，推动 S 管分配阀摆动。

当液控换向阀一端得到液控信号时，另一摆动缸油路接通，推动 S 管分配阀向相反方向摆动。

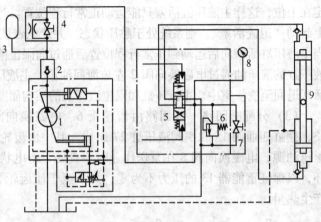

图 7-20　S 摆管驱动系统

1—恒压泵　2—单向阀　3—蓄能器　4—D7 球阀　5—液控换向阀
6—溢流阀　7—卸荷球阀　8—压力表　9—摆动缸

3. 清洗、搅拌和冷却油路系统（图 7-21）

为保证液压系统的工作温度，必须采用合适的液压油散热器，散热器可以采用水冷或风冷，目前采用风冷的比较多。风机驱动也有液压驱动和电动机驱动 2 种方式。

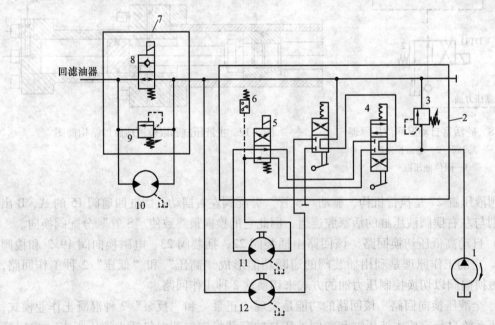

图 7-21　清洗、搅拌和冷却油路系统

1—齿轮泵　2—搅拌组合阀　3、9—溢流阀　4—手动换向阀　5、8—电磁阀
6—压力开关　7—温控阀　10—散热器马达　11—搅拌马达　12—水泵马达

为方便及时地将洒落在混凝土泵送设备外的混凝土清洗干净，混凝土泵送设备一般带有清洗系统。清洗系统的水泵一般采用液压马达驱动，清洗系统的水压可高达7MPa。

手动换向阀4阀芯处于中位时，压力油直接引至温控阀7，搅拌马达11和水泵马达12不工作，手动换向阀上下阀位工作时，分别对应水泵马达和搅拌马达工作；搅拌马达工作时，当搅拌压力超过限值时，电磁阀5换向，搅拌反转，当压力下降至限值以下时，搅拌恢复正转。

二、臂架及支腿液压系统

1. 臂架液压系统

泵车臂架液压系统中，臂架与支腿采用同一个泵。臂架和支腿分别由上车（臂架）多路阀或下车多路阀控制。为了减少冲击，控制平稳，目前各公司均采用带负载感应（定量或变量泵控制系统）的电液比例多路阀来控制臂架。遥控器控制系统除了能控制臂架的运动外，还可实现对发动机转速的控制以及液压泵排量（泵送次数）的无级控制。

（1）臂架变幅回路　如图7-22所示为1#臂架液压缸平衡回路，其中包括平衡阀1、单向阻尼阀2、单向阻尼阀3和1#臂架液压缸4。平衡阀1的作用是在臂架液压缸运动过程中平衡负载和控制及稳定运动速度，而在臂架液压缸不动作时起液压锁的作用；单向阻尼阀2和3的作用是调节臂架液压缸的运动速度；1#臂架液压缸4是执行机构，其作用为推动臂架进行变幅。

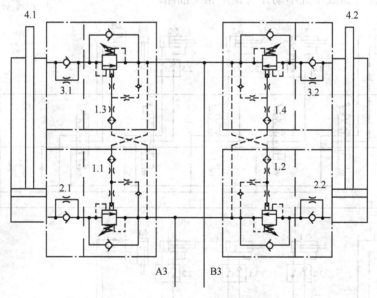

图7-22　1#臂架液压缸平衡回路
1—平衡阀　2、3—单向阻尼阀　4—1#臂架液压缸

需要注意的是单向阻尼阀2.1和2.2必须相同，即其中阻尼孔大小必须一致；且单向阻尼阀3.1和3.2也必须相同，这样才能保证臂架液压缸4.1和4.2以相同的速度前进或后退。如果上述2个条件任一不满足，则臂架液压缸4.1和4.2的运行速度就会不一致，产生的后果非常严重，会造成臂架因受强大的侧向力作用而损坏；并且臂架液压缸会受到另一臂架液压缸的强大作用力，导致活塞杆失稳而弯曲。

（2）臂架回转回路　如图7-23所示为臂架回转回路，其中包括回转限位阀组1、回转平衡阀2和回转马达及刹车3。回转限位阀组1的作用是限制臂架回转的角度，当臂架左旋或右旋至规定角度时，会触发相应开关使控制器对相应的电磁阀断电，则相应的压力油流回油箱，臂架停止旋转；回转平衡阀2的作用是控制平衡臂架回转的负载从而控制回转的平稳性；回转马达及刹车3的作用是使驱动减速机输出臂架回转所需的扭矩以及在静止时保证减速机进行制动，防止意外旋转。

2. 支腿液压系统

支腿液压系统与臂架液压系统采用同一液压泵供油，经臂架多路阀提供给支腿液压系统。臂架需要展开时，必须先打开各支腿。操纵支腿时，通过位于泵车两侧的操纵手柄和电控按钮进行协调控制。臂架伸展时，严禁操纵支腿。

如图7-24所示为某泵车产品支腿动作回路，其中包括支腿多路阀1、液压锁2和3、各支腿液压缸4~8。支腿多路阀1的作用是控制相应的支腿液压缸4~8伸出和缩回，液压锁2和3的作用是在支腿液压缸不动作时锁定相关油路。

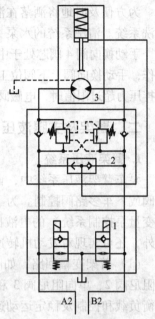

图7-23　臂架回转回路
1—回转限位阀组　2—回转平衡阀
3—回转马达及刹车

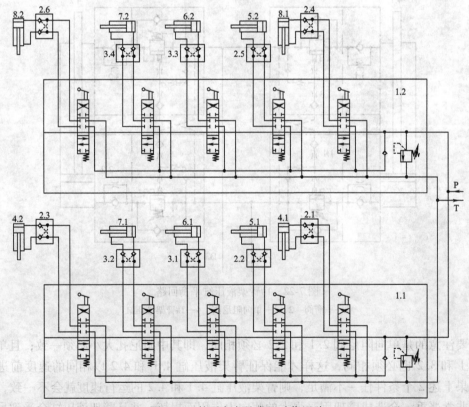

图7-24　某泵车产品支腿动作回路
1—支腿多路阀　2、3—液压锁　4—右支腿下撑液压缸　5—前支腿伸缩液压缸
6—前支腿展开液压缸　7—后支腿展开液压缸　8—左支腿下撑液压缸

第三节　混凝土泵车电气控制原理

一、混凝土泵车电气系统

混凝土泵车电气系统包括底盘改制控制系统、遥控控制系统和面板控制系统等几部分。驾驶室内装有安全的取力转换系统，包括"行驶/作业"转换功能，切换里程表等功能。

二、面板控制系统

当面板上的近远控钥匙开关拨到近控状态时，面板上的正反泵、油门加减、排量等开关或电位计可用，遥控器不再起作用。当使用近控操作正反泵、油门加减、排量、憋压时，必须将近远控钥匙开关拨到近控状态。面板上的急停、熄火、风扇、照明和喇叭开关在近远控 2 种状态下均可用。同时显示屏可显示当前各种工作状态，面板控制系统图如图 7-25 所示。

图 7-25　面板控制系统图

三、节能控制功能

当自动泵送、反泵起动时，若发动机转速低于 1500r/min，则系统将自动加速，直到速度达到 1550r/min，当以上操作停止或急停时，3s 后发动机将自动降至怠速（自动怠速时间也可以在调试页面自行设定，出厂设定为 3s）。

在自动加速过程中，若操作加速、减速按钮，则停止自动加速，可手动自行调至所需速度。

四、德国 HBC/727A 遥控系统比例通道 PWM 的调节方法

1）系统连接正常后，按接收器"ENTER"键一次，LED1 指示灯常亮，进入调试状态。

2）将"快/慢速"开关拨到"快速"位，轻推摇杆，此时电流为出厂值。若想增大，则按"TEACH+"键，每按一次增加 10mA；若想减小，则按"TEACH−"键，每按一次减小 10mA，达到所要的臂速后，使摇杆回中位，则所调整参数被储存。将摇杆推到最大位置，此时电流为出厂最大值。其他各臂调试方法以此类推。

电流调整完毕后，按"ENTER"键，待 LED5 黄灯转化成 LED4 绿灯闪烁，接收器将正确保存所调参数。

3）将"快/慢速"开关拨到"慢速"位，调整方法和"快速"档类同。

五、电气原理分析

1. 臂架伸缩

遥控状态时，操纵遥控器臂架摇杆，遥控接收器将其对应臂架的电流送至比例阀伸出或缩回端口，同时发动机自动升速至设定转速（臂架自动升速功能可以在调节页面中进行设定，可以设定为不需要带自动升速功能），对应臂架伸出或缩回，摇杆角度越大，臂架速度越快。

2. 臂架旋转

遥控状态时，操纵遥控器旋转摇杆，遥控接收器将其对应臂架的电流送至比例阀左旋或右旋端口，同时发动机自动升速至设定转速，对应臂架左旋或右旋，摇杆角度越大，臂架旋转速度越快。

3. 排量增减

泵送排量是控制系统根据排量电位计旋动位置而调节的。在泵送工作过程中，可以用遥控器上的排量旋钮进行无级调节。

4. 紧急停止

按下急停按钮，控制系统将屏蔽控制器输出口，同时降低发动机转速到怠速状态。所有动作停止，包括支腿、臂架和泵送。显示器上 STOP 显示标志为红色。

遥控操作时，遥控急停开关功能，同其他急停开关功能相同（不具有发动机熄火功能）。紧急停止时，显示器上 STOP 显示标志为红色，同时遥控器自动断电。当解除紧急停止后，须将遥控器上"正反泵"旋钮旋回至停止位置，并按 2 次遥控器上"启动"按钮，方可再次起动遥控器。

第四节　混凝土泵车液压与电气常见故障排除

一、液压系统常见故障排除

液压系统常见故障及排除方法见表 7-1。

表 7-1　液压系统常见故障及排除方法

故障现象	产生原因	排除方法
无泵送	泵送控制系统无压力或压力低	步骤一：将油门加到最大，观察 M8 点 60 压力表压力是否正常，旋转电动排量旋钮，M8 点压力变化范围一般为：8~22bar，若压力低于 8bar，则没有泵送 步骤二：若补液压泵压力正常，则检查 φ1.2mm 节流孔是否堵塞 步骤三：若 φ1.2mm 节流孔正常，则检查限速锁工作是否正常，阀芯是否卡滞，限速锁弹簧是否弯曲变形，必要时，可拿掉限速锁弹簧进行试验 步骤四：若拿掉限速锁弹簧，泵送控制压力恢复正常，则应检查散热马达是否内泄，必要时可短接管路进行试验
	主泵排量伺服阀卡滞，处于中位	步骤一：若发现电动排量不正常，则可切换电动 125 至手动 125，即打开电比例阀上的球阀，旋转手动 125，此时压力变化范围为 0~34bar，限速锁手动排量正常，则为电动排量出现故障 步骤二：检查电动排量故障点 步骤三：若在手动排量状态下，控制压力低或没有压力，则应检查主泵 PS 口压力，最大油门状态下，正常值为 33~36bar，若不正常，则为补液压泵故障或冲洗阀故障
泵送不换向或泵送憋压	泵送压力不足	出现泵送憋压，首先检查泵送活塞的憋压位置，若不在换向位置，则要观察泵送压力，若压力达到 350bar 左右，则考虑出现堵管，应进行反泵操作，若压力很低，则应检查以下故障点： 步骤一：若单侧压力低，则检查梭阀是否损坏或松动 步骤二：若单侧压力低，则检查冲洗阀是否内泄 步骤三：若双侧压力低，则检查高压溢流阀 步骤四：若双侧压力依然很低，则检查主泵

（续）

故障现象	产生原因	排除方法
泵送不换向或泵送憋压	SN 阀击穿损坏	若单侧压力低，则应检查 SN 阀是否内泄或击穿，可通过测量伺服缸压力来判断，若回油压力高，则可能为 SN 阀问题；还可以拆下 SN 阀连接管路，观察有无液压油漏出；也可以左右互换来判断 主泵排量伺服阀 SN 阀
泵送排量无法调节	手动排量无法调节	步骤一：检查 ϕ1.2mm 节流孔是否脱落 步骤二：检查补油电磁阀阀芯是否卡滞 步骤三：检查 ϕ2.5mm 节流孔是否脱落 步骤四：检查球阀是否未打开 步骤五：检查手动 125 阀是否损坏 ϕ1.2mm 节流孔所在位置
	电动排量无法调节	步骤一：起动点调整不当 步骤二：电气故障 步骤三：电比例阀卡滞
摆动无力或二次摆动	蓄能器 190kgf/cm^2⊖ 压力无法建立	步骤一：观察 190kgf/cm^2 压力是否正常，压力是否稳定，开启泵送后的压力变化值，正常状态下，每次换向要求压力均能达到 190kgf/cm^2，且还要观察最低值 步骤二：若压力变化值正常，则检查是否有机械故障；若 190kgf/cm^2 压力变化值在正常状态下比最低值小，则应检查蓄能器充气压力。方法：在停机状态下慢慢释放蓄能器中的压力，让压力慢慢下降，当压力快速降低时的压力，为蓄能器的充气压力。按此方法检查蓄能器的充气压力，若压力低则应充气。同时检查压力低的原因，是否为蓄能器充气口损坏

⊖ 1kgf/cm^2 = 0.980665MPa。

（续）

故障现象	产生原因	排除方法
摆动无力或二次摆动	蓄能器充气压力不够，或皮囊破损，无法充气	更换皮囊
液压油温高	补油溢流阀与冲洗阀压力设定问题	检查补油溢流阀与冲洗阀的压力设定是否正确，修改压力设定值
	散热器风扇及搅拌马达内泄	检修或更换散热器风扇及搅拌马达
	主泵内泄	检查主泵并修理
	散热马达不工作，温控电磁阀损坏	更换或维修温控电磁阀
	散热器表面灰尘太多	清扫散热器表面灰尘
活塞自动退回故障	活塞自动退回后又自动恢复	主液压缸尾部各有一个缓冲用球阀，当需要起动活塞退回功能时，应将球阀关闭，防止高压油窜入液压缸尾部
	未起动活塞退回开关，但憋压时活塞自动退回	步骤一：按顺序检查单向阀、电磁阀、梭阀、主液压缸尾部小液压缸活塞的密封性 步骤二：若主液压缸尾部小液压缸活塞密封有问题，则系统中的高压油会进入无杆腔，造成短行程
	起动活塞退回开关，憋压时活塞不退回至水槽	
	打泵时活塞自动退回	

二、电气系统常见故障排除

电气系统常见故障及排除方法见表 7-2。

表 7-2　电气系统常见故障及排除方法

故障现象	产生原因	排除方法
无泵送、憋压及乱换向	控制系统总线故障	步骤一：控制系统总线故障时，其故障显示页面的总线图标颜色将变为红色 步骤二：检查控制系统总线接线处，并把有问题的接线重新接好
	控制器程序故障	步骤一：故障显示页面没有故障显示项 步骤二：在做任何动作时，IO 监视页面没有任何输出及输入
	接近开关损坏	步骤一：用金属器件感应接近开关，观察接近开关指示灯是否变化，不变化时可判定接近开关损坏 步骤二：观察 IO 监视页面，看有无接近开关输入信号，若没有输入信号，则可判定接近开关损坏（前提是换向检测线路正常）

（续）

故障现象	产生原因	排除方法
无泵送、憋压及乱换向	环境温度对接近开关的影响	步骤一：把接近开关从水槽中取出，使用冷水对其冷却 步骤二：用金属器件感应接近开关，接近开关指示灯正常，此为水温过高引起，需对水槽中的水重新更换 注意：接近开关常亮有可能是环境温度过高（大于75℃）造成的自身错误输出，接近开关自身没有损坏。当环境温度降低后，接近开关能够恢复正常工作状态
	接近开关接头故障	步骤一：找到接近开关接头，查找接近开关接头接线破损处（由于接近开关出线直径为0.25mm²，线过细容易发生断裂），重新接好破损处 步骤二：拆开接近开关接头，擦干接近开关接头内部进水
	接线板接线不牢固	步骤一：按接近开关线号，在接线板上找到接近开关接线处 步骤二：在各个接近开关接线处，用一字槽螺钉旋具重新紧固接线处的螺钉
	电磁阀接头松动	步骤一：把电磁阀接头拆下，并拆开电磁阀接头，露出接线处 步骤二：将电磁阀接头重新连接至接线处
	换向控制线路损坏	步骤一：检查换向控制线路，使用万用表电阻测量功能，对线路进行短路和断路查找。短路测量值为0，断路测量值为1 步骤二：找到破损处，重新连接或更换整个破损的线路
	电磁阀线圈故障	步骤一：把电磁阀接头拆下，使用万用表最小欧姆量程对其测量，其量程将是最大值（1）或最小值（0），最大值说明电磁阀线圈烧成断路，最小值说明电磁阀线圈烧成短路 步骤二：更换电磁阀线圈
无排量或排量范围小	电位计损坏	步骤一：使用万用表电压测量功能，直接对电位计输出电压进行测量（对于面板排量电位计的测量，还需用万用表检测电位计的电源及接地端子），正常测量值为DC 0~5V 步骤二：更换排量电位计
	电位计接线处松动（主要指面板电位计）	使用螺钉旋具对电位计（主要指面板电位计）接线处重新紧固
	排量调节没有调节好	步骤一：把显示页面调到PWM标定页面 步骤二：在PWM标定页面，根据液压系统的压力要求，重新对排量阀最大电压及最小电压进行调整，使其液压系统的泵送压力能够随电位计的旋转变化而逐渐变化 注意：排量调节部分，中间电压数值不需调节
	电位计输入调节没有调整	步骤一：把显示页面调到模拟量标定页面 步骤二：用上、下键选择电位计最小值（页面上电位计输入有近/远控两部分，根据调节需求一一对应），旋转电位计到最小值，最小值输入调节完成。电位计输入最大值调节方法，与最小值调节相同

（续）

故障现象	产生原因	排除方法
无排量或排量范围小	排量阀线圈故障	检查方式和控制阀相同，但测量排量阀电压时，其排量阀插头必须装配在排量阀上，其电压值为变化值（在旋转排量电位计时）
	阀体或液压系统故障	参考本章节液压部分
	排量控制线路故障	检查方式同泵送控制线路故障检测，排量阀线路为两芯屏蔽电缆，在更换线路时，必须更换整个屏蔽电缆，同时屏蔽线必须接地
显示屏急停灯常亮	急停开关损坏	步骤一：使用万用表对泵车全车4个急停开关触点进行检查，拆下触点接线，使用万用表的通断功能进行检查 步骤二：对损坏的触点及开关进行更换
	急停继电器故障	步骤一：反复开关急停开关，观察急停继电器吸合情况，并使用万用表对继电器上的各个端子进行工作状态检测，主要检查触点通断情况 步骤二：对损坏的继电器进行更换
	急停输入线路故障	检查方式同泵送控制线路故障检测，并且急停输入线路为串联电路，在检查时，应按顺序逐个查找
	总线故障	步骤一：检查故障显示页面，故障显示页面中总线故障图标会变为红色 步骤二：检查总线线路，并对存在的故障点进行检修
	器件故障	步骤一：检查器件的损坏部分，主要有圆形插头和温度传感器 步骤二：对损坏的器件进行更换
无法挂上取力或取力无法摘掉	取力开关故障	步骤一：卸下驾驶室中的取力开关，使用万用表测量取力开关连接线的电压 步骤二：根据检测结果，维修故障
	取力继电器故障	检查方式同急停继电器故障检测
	取力气阀故障	检查方式同泵送电磁阀故障检测
	线路故障	检查方式同泵送控制线路故障检测
臂架回转限位故障	回转限位开关故障	步骤一：打开回转限位开关上盖，检查回转限位开关触点 步骤二：调整限位开关触点位置或更换回转限位开关
	回转电磁阀故障	回转电磁阀检查方式同排量电磁阀故障检测，并且回转电磁阀有3个接线处，分别为左右回转驱动及地线
	回转线路故障	回转线路检测方式同泵送控制线路故障检测
一节臂无法起落	臂架限位开关故障	臂架限位开关故障主要为限位开关自身的触头压坏，必须更换限位开关，在使用过程中应把限位开关检测头调整到合适的位置，并留有一定的余量
	臂架下落电磁阀故障	检查方式同臂架回转阀故障检测
	臂架限位线路故障	回转线路检测方式同泵送控制线路故障检测

（续）

故障现象	产生原因	排除方法
喇叭不响	喇叭损坏	步骤一：使用万用表测量喇叭电阻值（如果喇叭损坏，则其阻值为1或0） 步骤二：更换喇叭
	喇叭继电器损坏	检查方式同急停继电器检测
	喇叭线路故障	线路故障检查方式同泵送控制线路故障检测。应特别关注回转底座内的喇叭电缆及接头
遥控器掉信号	外界通信信号干扰	解决故障操作方式为：重新对信号（重新关开遥控器—关开急停按钮，并在打开遥控器后，按住喇叭按键几秒）或使用有线
	遥控器智能钥匙松动	解决故障操作方式为：重新拧紧松动的智能钥匙
	遥控器故障	步骤一：观察接收器上的信号指示灯 步骤二：用万用表检测接收器输出端 步骤三：联系售后服务进行维修或更换
显示屏黑屏、花屏	显示屏自身工作环境要求过低造成损坏，及底盘发动机电源电压波动过大引起	若显示屏出现黑屏及花屏现象，则需对显示屏进行更换处理

复习思考题

1. 混凝土泵车按泵送方式可分为哪几类？
2. 画图说明混凝土泵车的型号表示方法。
3. 根据图 7-5 描述混凝土泵车上装总成结构。
4. 简述混凝土泵车泵送系统的组成。
5. 依据图 7-14 描述 S 阀的工作过程。
6. 简述泵送单元液压系统的 3 大分类。
7. 依据图 7-18 描述砼活塞自动退回的液压控制原理。
8. 简述混凝土泵车无泵送的故障产生原因及排除方法。

参考文献

[1] 焦生杰. 工程机械机电液一体化 [M]. 北京：人民交通出版社，2000.

[2] 全国液压气动标准化技术委员会. 流体传动系统及元件　图形符号和回路图　第 1 部分：图形符号：GB/T 786.1—2021 [S]. 北京：中国标准出版社，2021.